Enten und Gänse

Chris & Mike Ashton

KOSMOS

Inhalt

Einleitung

Enten und Gänse sind als Haustiere oder jagdbares Wild seit Jahrtausenden im ländlichen Raum nicht wegzudenken. Historische Quellen lassen erahnen, wie sie einst das Leben der Menschen beeinflussten: Ihre Federn schenkten Wärme, Eier und Fleisch wurden gegessen und der Verkauf der Tiere brachte Geld ein.

Im Fernen Osten hat die Haltung von Wassergeflügel zwar eine längere Tradition, ist allerdings nicht so gut belegt wie in Europa und den USA. Da einige historische Rassen erhalten sind, können wir uns noch heute ein Bild davon machen, was den Züchtern früher wichtig war. In Großbritannien werden zurzeit 40, in den USA 24 Rassen geführt, einige mit zahlreichen Farbvarianten (Farbschläge). Für den Erhalt seltener Rassen machen sich Naturschützer, Hobbyzüchter oder Züchter für Geflügelschauen stark. Es macht Spaß und ist faszinierend zugleich, Wassergeflügel zu halten und aufzuziehen. Vor allem die Gänse zeigen zahlreiche Verhaltensweisen und drücken sich auch stimmlich aus. Ihre Kommunikation untereinander ist viel ausgeprägter als bei anderem Geflügel und die differenzierte Körpersprache bildet einen wesentlichen Bestandteil ihres Sozialverhaltens. Besonders ihr Familiensinn und die enge persönliche Bindung machen Gänse zu idealen Partnern für Menschen.
Kinder lieben Enten und Gänse und lernen an ihrem Beispiel, Tiere zu respektieren. Enten oder Gänse verzaubern selbst den kleinsten Garten, und Gänse sichern seit jeher die Versorgung vieler Haushalte. Der weltberühmte Verhaltensforscher Konrad Lorenz war von ihnen ebenso fasziniert wie der griechische Dichter Homer bereits 2000 Jahre vor ihm.

Kurze Geschichte des Wassergeflügels

In der Menschheitsgeschichte wurden nur wenige Tierarten vollständig domestiziert. Aus der Vogelwelt gelang das in den letzten 6 000 Jahren gerade einmal bei vier Arten von Enten und Gänsen: Aus Eurasien kamen Stockente, Graugans und Schwanengans, aus Zentralamerika die Moschusente (*Cairina moschata*). Diese vier Arten sind die Vorfahren aller bekannten 140 Haustierrassen.

Vom Menschen gezüchtete Rassen unterscheiden sich in vielen Details von ihren wilden Verwandten. Hausgeflügel ist größer, zahmer, wächst schneller, ist anders gefärbt und geformt und es hat eine längere Brutperiode. Als Folge der Zucht sind die Rassen deutlich produktiver als die Wildformen.

Schon früh nutzten die Menschen unterschiedliche Wildarten. Die Isländer sammelten die Daunen der Eiderenten und fingen die Kurzschnabelgänse, die während der Mauser nicht fliegen konnten. Graugänse tauchen auf ägyptischen Malereien auf und die Römer hielten wilde Krick- und Stockenten in Gehegen. Domestiziert wurde die Stockente aber erst sehr viel später, als im Fernen Osten längst Pekingenten und Indische Laufenten gezüchtet wurden.

Domestizierte Gänse

Es gibt kaum ältere Quellen und die archäologischen Funde beweisen nur, dass die Kelten Graugänse aßen; die Knochen dürften jedoch von wilden Gänsen stammen. Wandbilder in Mesopotamien und Ägypten belegen, dass dort Gänse seit 2800 v. Chr. für rituelle Zwecke gezüchtet wurden.

Aus römischer Zeit ist zumindest die Legende überliefert, dass die Gänse mit ihrem Lärm das Kapitol vor den Galliern retteten.

Plinius beschreibt, wie ganze Schwärme französischer Gänse nach Rom gebracht wurden und Lucius Columella empfiehlt, weiße Gänse zu halten – offensichtlich züchten die Menschen also bereits vor mindestens 2 000 Jahren ganz bestimmte Typen.

Im englischen Mittelalter werden Gänse in Beschreibungen von Gelagen und als Pachtzins erwähnt. So feierte Königin Elizabeth I. den Sieg über die Spanische Armada mit einem Gänsebraten. Die ersten Beschreibungen domestizierter Gänse in England tauchen allerdings erst bei Gervase Markham auf (1613):

UNTEN Gewöhnliche Gänse und Rouen-Enten in einer Geflügelschau von 1854. Die aus Rouen (Frankreich) stammende Ente wurde in England zu einer größeren, dunkleren Rasse (*Rouen foncé*) gezüchtet. Im Vergleich zur Gans sind die abgebildeten Enten bereits recht groß. Die Zuchtformen des 20. Jhs. wurden noch größer und ihre Körper schlanker. Die Gänse dürften Züchtungen von den Bauernhöfen sein. In der ersten Nationalen Geflügelschau (1845) waren gewöhnliche Gänse, Asiatische oder Höckergänse und „andere Rassen" vertreten.

„...die größten sind die besten, und die Farbe sollte weiß oder grau sein, von jedem ein Paar, denn gescheckte sind nicht so ergiebig und schwarze noch schlechter."

Im 18. Jh. wurden im Osten Englands zahlreiche Gänse gehalten. Lord Orford wettete 1740 mit dem Duke of Queensbury, dass ein Schwarm Gänse einen Schwarm Truthähne bei einem Rennen von Norwich nach London schlagen würden – in der Tat siegten die Gänse. Noch 1776 schrieb Pennant, dass die Bauern junge Graugänse in den Mooren fingen, aufzogen und zähmten.

Enten

Mindestens seit dem 13. Jh. wurden Enten und Gänse während der Mauser eingefangen. Man stellte Netze auf und fing bei einem einzigen Jagdzug Tausende von Vögeln. Noch bis zum Ende des 19. Jhs. benutzten die Landbesitzer Lockenten, um Enten zu fangen. Die Trockenlegung der Moore und die Entenzucht sorgten für den Niedergang dieser Fangtechnik.

Kolumbus und die Forschungsreisenden, die ihm folgten, führten neue Vogelarten nach Europa ein. Handelsschiffe brachten Moschusenten aus Amerika, die Niederländer führten Indische Laufenten und Balienten aus dem Fernen Osten ein. Auf holländischen Bildern aus dem 17. Jh. sind domestizierte Enten zu sehen; tatsächlich sind sie der sicherste Beleg dafür, dass die Stockente damals bereits in Europa gezüchtet wurde. Auf einem Gemälde von Melchior d'Hondecoeter sind eindeutig Krummschnabelenten zu erkennen. In England gab es noch keine Rassebezeichnungen; alle Enten, die auf Bauernhöfen gezüchtet wurden, hießen „gewöhnliche Ente". Die erste Bezeichnung für eine Rasse dürfte von 1678 stammen, als in einem Text eine Krummschnabelente erwähnt wird. Die „Normandie-Ente" (vermutlich Rouen-Ente) wird erst 1750 genannt. Mit der Zucht der weißen Aylesbury-Ente nahm im England des 18. Jhs. die kommerzielle Entenhaltung stark zu. Alison Ambrose zitiert 1810 Reverend St. John Priest: „Enten sind auf dem Markt von Aylesbury und der Umgebung ein wichtiges Produkt; sie sind weiß und dürften eine frühe Züchtung sein." Die Aylesbury- gehörte mit der Rouen-, Smaragd- und Zwergente zu den ersten vier Rassen, für die 1865 ein Rassenstandard formuliert wurde. Die USA erweiterte 1874 diese Liste um die Peking- und Schopfente.

Geflügelschauen

Neue Entdeckungen und die Leidenschaft der Engländer für Ausstellungen waren die treibende Kraft für Neuzüchtungen. Willughby beschreibt 1678 eine Höckergans; in den 1730er-Jahren zeichnet Albin das Bild einer stehenden Ente und George Washington beschreibt in seiner Korrespondenz weiße Höckergänse (1788). Im Jahre 1816 importierte Moubray die Emdener Gans nach England, 1860 tauchen die Ungarische Lockengans sowie verschiedene andere Gänse- und Entenrassen auf. In der Folge wurden diese exotischen Arten und Rassen gekreuzt und schließlich als neue Rassen anerkannt.

Zu Beginn des 20. Jhs. sorgten der Bedarf und der Wunsch der Ausstellungszüchter für eine explosionsartige Vermehrung der Rassen. Auf diese Zeit gehen auch die kommerziellen Hybridzüchtungen unserer Tage zurück.

OBEN Die wilde asiatische Schwanengans wurde im Fernen Osten domestiziert. Dasselbe Farbmuster zeigen auch die domestizierten afrikanischen und chinesischen Höckergänse.

UNTEN Das Gemälde von J. W. Ludlow stammt aus dem Buch *Illustrated Book of Poultry* von Lewis Wright (1873). Die Enten gehörten Mary Seaman und hatten 1870 einen Preis gewonnen. Seit damals wurden die Aylesbury-Enten speziell für Geflügelschauen zu viel größeren Formen gezüchtet.

Überlegungen vorab

Wassergeflügel ist nicht schwer zu halten, wenn man versucht, die Vögel zu verstehen. Nach einiger Zeit weiß auch ein Einsteiger, was Enten und Gänse brauchen, um sich rundum wohlzu fühlen. Mit der richtigen Ausstattung und einem Teich – und je nach Rasse entsprechend Platz – bleiben die Tiere gesund und leben lange. Enten werden häufig zehn Jahre, Gänse sogar 20 Jahre alt.

Wassergeflügel verstehen

Enten, Gänse und Schwäne gehören zur Familie der Anatidae. Die Familie ist in mehrere Unterfamilien und Gattungsgruppen, sogenannte Tribus, gegliedert: Die „Echten Gänse“ (Tribus Anserini; z. B. Graugans), die Schwimm- oder Gründelenten (Anatini; z. B. Stockente), und Tauchenten (Aythyini) sowie auch die Cairinini (Glanzenten, meist den Schwimmenten zugerechnet; z.B. Moschus-ente;). Schwäne bilden einen eigenen Tribus Cygnini. Alle haben Schwimmfüße, ein zweilagiges Gefieder und eine dicke Fettschicht als Wärmeisolierung unter der Haut. Diese Körpermerkmale sind eine typische Anpassung an das Leben im Wasser. Trotzdem können die wilden Arten gut fliegen; die Glanzenten brauchen sogar Bäume, um sich wohlzufühlen.

Körperbau der Gänse

Die Beine einer Ente setzen weiter hinten am Körper an als bei Vögeln, die nur auf dem Land leben. Dieses Körpermerkmal ist bei Tauchenten, die unter Wasser nach Futter suchen, stark ausgeprägt. Tauchenten und Schwäne bewegen sich an Land eher unbeholfen, sie brauchen tiefes Wasser zum Schwimmen.

Gänse grasen regelmäßig, sie können recht gut auf dem Land laufen. Allerdings stehen auch ihre Beine, wie bei allen Wasservögeln, relativ weit auseinander – damit sie effektiv paddeln können. Bis auf die Indischen Laufenten bewegen sich daher alle Enten und Gänse im typischen Watschelgang und sind nicht besonders schnell.

Wilde Gänse und Enten brüten im Frühling. Viele Arten gehören zu den Zugvögeln, die zwischen Winter- und Sommerquartieren mit guten Nahrungs- und Nistangeboten wechseln. Daher ist die Mauser (siehe S. 15) auf die Zugzeiten bzw. die Brut hin optimiert. Die Pflege und die Entwicklung des Federkleides beeinflussen das Verhalten. Ein Zugvogel kann nur dann fliegen, balzen, nisten oder Kälte aushalten, wenn sein Gefieder an die Situation angepasst ist. Obwohl bei domestiziertem Geflügel der Zugtrieb längst unterdrückt wurde, mausern sie wie ihre wilden Verwandten. Bei Vögeln, die in engen Gehegen gehalten werden, fällt die Mauser besonders stark auf.

Körperbau der Enten

Die Federn

Schon einige Theropoden aus der Unterkreide (fossile Funde in China) trugen Federn, lange bevor sich die Vögel aus den Dinosauriern entwickelten. Außerdem legen Vögel Eier wie die Dinosaurier und die Eierschale ist ähnlich aufgebaut. Auch einige andere, typische Vogelmerkmale – wärmendes Daunengefieder, Flugmuskeln, die an einem mächtigen Brustbein ansetzen, und ein stark ausgeprägtes Vorderhirn – tauchen bei den Vorgängern auf.

Federn bestehen wie Reptilienschuppen aus dem Protein Keratin. Sogar der innere Aufbau einer Feder ähnelt den Reptilienschuppen, aus denen sich die Federn möglicherweise entwickelten. Keratin, aus dem auch Haare und Nägel bestehen, ist „totes" Material, das von lebenden Zellen ausgeschieden wurde. Es ist hart, stabil, leicht, flexibel, hält warm und ist wasserabweisend, kurz, der perfekte Baustoff für die unterschiedlichen Aufgaben und Formen von Federn. Schon das Gefieder eines einzelnen Vogels besteht aus mehreren Federtypen, die alle nach demselben Prinzip aufgebaut sind:

- Konturfedern bedecken den größten Teil des Vogelkörpers. Sie fungieren als eine Art wasserdichter Schwimmanzug, isolieren und sorgen für die stromlinienförmige Körperform.
- Flugfedern sind länger und steifer, sie haben fast keine Daunenstrahlen. Zu ihnen gehören die Schwungfedern, die als Arm- und Handschwingen am Flügel ansetzen, und die Schwanz- oder Steuerfedern.
- Bei den Daunen ist der Federschaft nur sehr schwach ausgebildet und die Federstrahlen sind kaum miteinander verhakt. Sie dienen der Wärmeisolation.
- Dazu kommen borstenartige Federn, isolierende Deckfedern und haarartige Fadenfedern, die an der Spitze Federstrahlen tragen.

Aufbau der Federn

Schwungfedern: Federn der Arm- und Handschwinge einer gemauserten Hausgans. Die Fahne ist asymmetrisch aufgebaut. Der Schaft ist zweigeteilt. Durch den unteren Teil wird die wachsende Feder mit Blut aus einer Arterie versorgt – er ist später hohl und wird Spule genannt. Der obere Teil hat eine feste Hülle, das Innere ist schwammig und enthält weniger Luft. Die Unterseite der Feder ist gewellt.

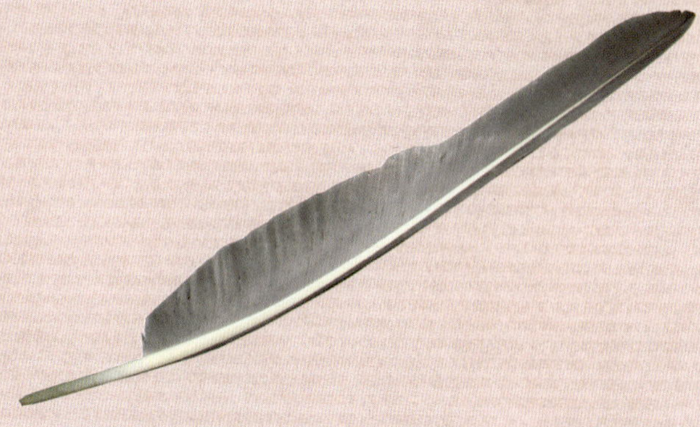

Konturfeder einer Rouen-Ente. Sie hat einen zentralen Schaft und an der Basis Daunen ohne Häkchen (siehe unten).

Die Federfahne kann nicht zerreißen; offene Federstrahlen fügen sich wie die Glieder eines Reißverschlusses zusammen, wenn der Vogel bei der Pflege über das Gefieder streicht (Schema nach Freethy 1982).

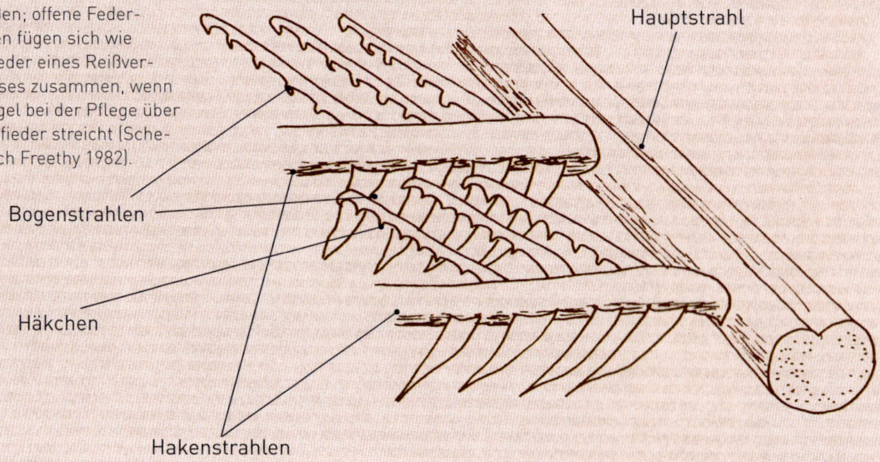

Federwechsel: Die Mauser

Im Lauf eines Jahres leiden die Federn unter Sonne, Regen und Auseinandersetzungen mit Artgenossen; sie nutzen sich merklich ab und sehen schließlich „struppig" aus. Während der Mauser werden die abgenutzten Federn durch neue ersetzt. Kontur- und Schwungfedern werden vollständig ausgetauscht, während die Daunen erhalten bleiben, um den Körper zu wärmen. Weibliche Vögel zupfen sich die weichen Daunen aus der Brust, um ihr Nest auszupolstern.

Bei den meisten Enten und Gänsen verläuft die Mauser nach demselben Schema: Die Schwungfedern werden gleichzeitig ausgetauscht. Andere Vogelarten wechseln die Federn sukzessive, behalten also ihre Flugfähigkeit bei. Das gilt vor allem für Greifvögel. Sie könnten ohne ihre Schwungfedern nicht jagen und müssten verhungern, während eine flugunfähige Gans immer noch die Wiesen abgrasen und sich um ihre Jungen kümmern kann. Werden Gänse während der Mauser von einem Landraubtier angegriffen, bleibt ihnen immer noch die Flucht ins Wasser.

Gänse mausern sich einmal im Jahr, männliche (Ganter) und weibliche Tiere etwa um dieselbe Zeit oder sogar gleichzeitig. Ihr Federkleid sieht gleich aus. Stockenten mausern sich zweimal jährlich und zu verschiedenen Zeiten.

Die Mauser der Gänse

Eine Gans wechselt ihre Schwungfedern, wenn ihre Küken (Gössel) zwischen 2 und 4 Wochen alt sind. Bis diese wichtigen Federn nachgewachsen sind, bleiben alle übrigen Federtypen, auch die Konturfedern auf den Flügeln, bestehen. Bei den Wildgänsen dauert die Mauser 21–24 Tage, dann können sie wieder fliegen. Da die Junggänse dann 6–8 Wochen alt sind, ist ihr neues Federkleid im gleichen Entwicklungszustand wie das der Eltern.

Die weibliche Gans brütet die Eier allein aus; der Ganter bleibt jedoch in ihrer Nähe. Sobald die Gössel geschlüpft sind, werden sie von beiden Eltern geführt und versorgt. Die Paarbindung zwischen den Eltern ist sehr stark.

Enten sind anders

Enten mausern sich zweimal im Jahr, Männchen (Erpel) und Weibchen zu unterschiedlichen Zeiten. Die Weibchen behalten das ganze Jahr über ihr Tarnkleid. Die Erpel wechseln das Gefieder mit den jahreszeitlichen Aktivitäten: Für die Balz legen sie ein Prachtkleid an, danach setzen sie mit neuem Gefieder (Schlichtkleid) mehr auf Tarnung, vor allem so lange, bis ihre Schwungfedern nachgewachsen sind.

Wilde Stockenten suchen sich jedes Jahr einen Partner und bleiben während der Brutzeit zusammen. Meist trennen sich die Geschlechter, während die Eier ausgebrütet und die Jungen aufgezogen werden. Für einen Erpel ist das prächtige Balzgefieder die Voraussetzung, eine Partnerin zu finden – körperlich fitte Erpel mit glänzendem Gefieder wirken attraktiv. Der grün schimmernde Kopf, die rotbraune Brust und der leuchtende Spiegel zwischen den schwarzen und weißen Flügelstreifen zeichnen ein gesundes Tier aus. Weibchen, die ihren Partner nach diesen Anzeichen auswählen, sichern also ihrem Nachwuchs die besten Erbanlagen.

OBEN Ein Brecon-Buff-Ganter zeigt seine Flügelunterseite. Er hat zehn Handschwingenfedern; sie sind ausgeprägt asymmetrisch gebaut. Dazu kommen die Armschwingen und die Schirmfedern, die in der Ruhe über die wichtigen Schwungfedern gelegt werden. Beim Flug füllen die Axialfedern die Lücke. An der Basis der Schwungfedern setzen kürzere Deckfedern an; die äußerste Schicht bilden die stabilen äußeren Deckfedern.

Das Balzverhalten

Wild lebende, weibliche Stockenten suchen sich ihre Partner nach der Gefiederfärbung aus und zeigen dem Erpel ihre Paarungsbereitschaft an. Weibliche Hausenten quaken mehrmals kurz und einsilbig („quak"), wenn sie nach einem Partner suchen. Nicht verpaarte Enten schwimmen mit gerade vorgestrecktem Hals auf dem Wasser umher und heben ruckartig den Kopf an. Das Verhalten ähnelt der Position bei der Paarung. Die Männchen reagieren auf das „Nick-Schwimmen", indem sie ihrerseits zu balzen beginnen. Sie präsentieren ihr prächtiges Balzgefieder, rülpsen, pfeifen und heben wechselweise Kopf und Schwanz hoch („Antrinken"). Wenn sie den Kopf heben und dabei Kopf und Schwanz strecken, sieht das Weibchen die glänzenden Halsfedern und den aufblitzenden Flügelspiegel. Die domestizierten Zwergenten zeigen dieses Verhalten besonders auffällig; größere Rassen balzen jedoch ähnlich.

Wenn sich mehrere Erpel um die Weibchen streiten, kommt es leider immer wieder zu Vergewaltigungen. Die Weibchen werden übel zugerichtet, sogar ertränkt. Daher sollten Hausenten während der Balzzeit von den Erpeln getrennt werden.

Zum Ende der Brutperiode ändert sich das Gefieder der Erpel drastisch: Während das Weibchen auf den Eiern sitzt, beginnt die Mauser der Erpel. Sie verlieren das prächtige Balzgefieder und ersetzen es durch ein unauffälliges Schlichtkleid, mit dem sie besser getarnt sind. Erst jetzt werden die Schwungfedern gemausert.

Erpel kümmern sich nicht um die Brut; manche belästigen sogar ihren Nachwuchs. Während die Weibchen auf den Eiern sitzen, schließen sich die Erpel häufig zu „Männergruppen" zusammen.

Im Herbst mausern sich die Erpel ein zweites Mal, vermutlich durch die Temperaturänderung bedingt. Sie tauschen das unauffällige Gefieder wieder gegen ihr prächtiges Balzgefieder, das sie während des Winters tragen. Und die weiblichen Enten? Sie schieben die Mauser auf. Statt ihre Energie auf neue Federn zu verschwenden, fließen alle Nahrungsreserven in die Bildung der Eier und dann in die Brut. Sie wechseln ihre Schwungfedern und das restliche Gefieder erst, wenn die Entenküken herangewachsen sind.

OBEN Weiße, domestizierte Stockenten in Australien. Der Erpel hält sich während der Kopulation an den Kopffedern des Weibchens fest. Sie unterstützt ihn, indem sie die Flügel ausbreitet.

UNTEN Zwei männliche Laufenten (rechts, mit grünen Schnäbeln) im Juli. Mit den neuen Schwung- und Körperfedern sehen sie den Weibchen bereits ähnlich. Die Weibchen legen und brüten noch und werden erst Ende August in die Mauser gehen. Weibliche Zwergenten schließen die Brut früher ab; sie wechseln Schwung- und Körperfedern bereits Mitte des Sommers aus.

Baden, Putzen, Gefiederpflege

Enten und Gänse putzen mindestens einmal am Tag ihr Gefieder. Sie tauchen mit dem Kopf ins Wasser und spritzen es sich über den Rücken. Dann rollen sie sich auf die Seite – manche drehen sich dabei um die eigene Achse – und schlagen mit den Flügeln. Auf diese Weise bleiben die Flugfedern sauber, gleichzeitig kühlen sie sich an heißen Tagen ab. Wer Wassergeflügel hält, sollte Enten ab und zu eine Dusche aus dem Gartenschlauch gönnen. Sie schütteln sich, trinken die Wassertröpfchen und rennen danach in den Teich. Entenküken, die zum ersten Mal ins Wasser dürfen, tauchen unter, schwimmen umher und gewöhnen sich rasch an das Element, das ihr ganzes Leben bestimmen wird. Die Liebe zum Wasser macht die professionelle Haltung großer Herden nicht leicht, da sie sich ohne Wasser auf Geflügelfarmen unwohl fühlen.

Nachdem sich die Tiere beim Baden vom Schmutz befreit haben, folgt der nächste Schritt. Bei der Gefiederpflege bringen sie jede einzelne Feder in Form: Einmal am Tag wird jede Feder inspiziert, gereinigt, eingefettet und geglättet. Dabei werden gleichzeitig Parasiten und Schuppen über neuen Federn entfernt. Mit dem Öl aus der Bürzeldrüse (siehe unten) werden die gesäuberten Federn elastisch und glänzend gemacht. Beim „Kämmen" mit dem Schnabel werden die Häkchen zwischen Bogen- und Hakenstrahlen wieder fixiert und die Oberfläche der Federn geglättet. Saubere, glatte und eingefettete Federn weisen das Wasser ab. Für die Gefiederpflege benutzen Enten und Gänse ihren Schnabel. Die Fahne der Feder wird vorsichtig von der Basis her in ganzer Länge durch den Schnabel gezogen.

OBEN Eine Gans putzt ihr Gefieder und beseitigt Federläuse und andere Parasiten. Die Läuse setzen sich auf den Federn fest und fressen Hautschuppen. Solange die Zahl der Parasiten gering bleibt, richten sie kaum Schaden an, der Befall darf aber nicht zu stark werden.

LINKS Krummschnabelenten schlagen beim Säubern des Gefieders ihre Flügel auf die Wasseroberfläche.

LINKS Eine Schopfente verteilt das Öl aus der Bürzeldrüse mit ihrem Schnabel.

Die Bürzeldrüse

Ohne wasserdichtes Gefieder wäre Wassergeflügel verloren. Enten und Gänse pflegen ihr Federkleid gründlich, damit es sich weder beim Schwimmen noch bei einem Regenschauer mit Wasser vollsaugen kann. Das Öl zum Einfetten der Federn stammt aus der Bürzeldrüse an der Schwanzbasis. Die Bürzeldrüse scheidet eine ölige Substanz aus Fettsäuren, Wachsen und Fetten aus; die Zusammensetzung des Öls ändert sich mit den Jahreszeiten. Sobald das Tier die Drüse mit der Schnabelspitze reizt, tritt das Öl aus und wird auf Unterschnabel und Kopf übertragen.

Der Vogel streicht den Schnabel über Brust und Bauch und verteilt das Öl mit dem Kopf gleichmäßig über alle Federn. Nach der Gefiederpflege perlt das Wasser auf dem Gefieder ab, ohne die Federn zu durchweichen.

Ob das Bürzelöl die Federn tatsächlich „wasserdicht" macht, ist nicht eindeutig bewiesen. Es hält die Federn jedoch geschmeidig und könnte sogar Bakterien und Pilze abtöten. Vielleicht reicht ja ein Blick auf die Entenküken: Küken, die unter dem eingefetteten Federkleid der Mutter hervorkommen, stoßen das Wasser ab wie ein Korken.

Aber auch die Struktur der Federn ist an diesem Phänomen beteiligt. Die enge Verbindung der Federstrahlen wirkt wie ein wasserdichter Schild. Es gibt auch Vermutungen, dass eingeölte Federn bei der intensiven Pflege elektrostatisch aufgeladen werden und auf diese Weise das Wasser abstoßen.

Nasse Federn

Ob das Öl aus der Bürzeldrüse das Wasser nun direkt abweist oder nur die Voraussetzung für einen funktionierenden Schutzmechanismus darstellt, manche Enten leiden dennoch unter „nassen Federn". Trotz ihrer Bürzeldrüse sehen die Federn nicht glänzend, sondern stumpf aus; sie saugen Wasser auf, statt es abzustoßen. Dies tritt vor allem bei den äußeren Kontur- und Schwungfedern auf. Die Ente fühlt sich unwohl, friert und meidet das Wasser, wodurch alles nur noch schlimmer wird.

In den meisten Fällen liegt dies an Verschmutzungen und Schlamm. Sobald die Federn einmal durchdringend mit Staub oder Dreck verschmutzt sind, kann der Vogel seine Federpflege nicht mehr ordnungsgemäß ausführen, was auch Beeinträchtigungen des Allgemeinbefindens zur Folge hat. Bei feuchtem Wetter verschlimmert sich die Situation. Enten und Gänse, die davon betroffen sind, trocknen nicht mehr und schaffen es nicht, das Problem durch normale Federpflege zu lösen. Abhilfe schafft nur ein Bad in klarem Wasser. Anschließend muss das Tier gründlich trocknen. Erst danach kann es seine Federn wieder selbst reinigen und pflegen. In extremen Fällen hilft nur die nächste Mauser.

Wenn nur ein einziges Tier betroffen ist, könnte seine Bürzeldrüse aufgrund einer Mangelernährung nicht ausreichend Öl produzieren. Ist das Futter nicht hochwertig genug oder alt, enthält es zu wenig Vitamine; frisches, grünes Gras und Weizenkörner schaffen Abhilfe. Auch eine unsaubere Umgebung oder Parasiten können sich negativ auswirken. Frei laufende Tiere in ausreichend großen Gehegen, die tierisches Protein und frisches Gras aufnehmen können, bleiben in der Regel gesund. Bei ihnen hat eine Zusatzversorgung im Futter selten größere Auswirkungen.

Pflanzen- und mineralische Öle helfen Vögeln mit nassen Federn nicht. Nur das Pur-Cellin-Öl, das bei der Rettung ölverschmierter Seevögel eingesetzt wird, sorgt für Abhilfe.

UNTEN Die Bürzeldrüse sitzt im Bereich der öligen, gelblichen Federn an der Schwanzbasis.

Planung und Aufgaben: Was zu bedenken ist

Niemand sollte sich nur aus Lust und Laune Enten und Gänse anschaffen. Einsteiger ohne die nötige Erfahrung sollten sich über die Verhaltensweisen und Ansprüche der einzelnen Arten und Rassen informieren. An erster Stelle muss gewährleistet sein, dass den Tieren genügend Platz und eine optimale Umgebung für die artgerechte Haltung zur Verfügung steht. Eine gute Vorbereitung schafft Sicherheit und sorgt für gesunde Tiere.

Wie viele Tiere?

Enten und Gänse sind soziale Tiere, die in Schwärmen leben und sich während der Brut zu Paaren zusammenschließen. Es ist zwar üblich, nur einen Hund oder eine Katze zu halten, doch für Vögel bedeutet ein Partner deutlich mehr Lebensqualität – es wäre unfair, sie als Einzeltiere zu halten. Aus diesem Grund werden erwachsene Tiere oft paarweise (ein Weibchen und ein Männchen) angeboten.

Auf den ersten Blick scheint eine einzelne Gans oder Ente ein hübsches Haustier zu sein. Wenn sie von klein auf in der Familie aufgezogen wird, ist sie auf Menschen geprägt und fühlt sich in ihrer Gegenwart tatsächlich wohl. Doch Menschen können sich nicht dauernd um ein Tier kümmern; ein allein gelassener Vogel fühlt sich nicht wohl. Daher sollten Ente und Gänse stets in Paaren gehalten werden. Sie verhalten sich in Gegenwart eines Partners ruhiger und sind zufriedener. Mit einem Partner derselben Art können sie ihr artgerechtes Verhalten ausleben. Allerdings sollte man zu Beginn mit nicht zu vielen Tieren starten, vor allem nicht mit zu vielen Männchen.

Platzbedarf

Der vorhandene Platz ist wesentlich: Wassergeflügel braucht mehr Platz als beispielsweise Hühner, es sei denn, man bringt sie in einem Gehege mit Allwetter-Untergrund und einem ständig gefüllten Teich unter. Gänse brauchen Platz, um zu grasen, Enten graben jedes kleine Rasenstück um, weil sie auf der Suche nach Würmern den Boden aufwühlen. Zwei mittelgroße Enten kommen mit einem Gartenstück von 10 Quadratmetern zurecht; je nach Bodenqualität und Wasser nimmt der Platzbedarf zu.

Ein Paar Gänse braucht zwar keinen halben Hektar, aber wenn sie unter zu engen Bedingungen gehalten und nur mit Fertigfutter gefüttert werden, nehmen sie enorm zu. Kleine Gänse brauchen mindestens eine Grasfläche von 10 x 20 Metern, wenn sie nachts in einem Stall schlafen (das hält den Rasen sauberer), und sie brauchen Zugang zu einem Teich.

Auf S. 26 stehen weitere Details zu dem Platzbedarf und der Zahl der Tiere.

RECHTS Gänse brauchen vor allem im Winter viel Platz, damit das Gras nachwachsen kann.

Sicherheit

Die Vögel müssen vor Raubtieren geschützt werden. Ein Zaun schützt sie auch davor, auf die Straße zu laufen. Da Enten und Gänse am Boden leben und nicht auf Bäume fliegen, brauchen sie einen sicheren Unterschlupf für die Nacht. Selbst ein großer See mit einer Insel bedeutet nur bedingt Sicherheit, da Füchse sie am Ufer erwischen könnten. Bis die Tiere gelernt haben, dass sie nur auf dem Wasser sicher sind, kann es bereits zu spät sein. Außerdem können Nerze schwimmen und sich ihre Beute aus dem Wasser holen.

Investieren Sie Zeit und Geld in einen ordentlichen Zaun. Wenn sich neue Tiere nicht in einem abgetrennten Gehege an die neue Heimat gewöhnen können, laufen sie weg. Höhe und Maschengröße des Zauns müssen angepasst sein: Wo mit Füchsen oder Hunden zu rechnen ist, sollte der Zaun höher und stabiler sein. Füchse springen bis zu einem Meter hoch. Soll der Zaun nur das Geflügel zusammenhalten, kann er niedriger sein. Wie viel Freiraum die Tiere haben, ob sie eingesperrt sind oder frei laufen dürfen, richtet sich nach dem Grundstück – Größe, Wasserversorgung und Bedrohung durch Raubtiere.

Tägliche Aufgaben

Die tägliche Versorgung ändert sich mit den Jahreszeiten. Im Winter und in Gegenden mit kaltem Wetter bleiben die Tiere länger im Stall. Auch gefrorenes Trinkwasser kann zum Problem werden. Man sollte mindestens zweimal täglich nach dem Wassergeflügel schauen: Wenn das Wetter es zulässt, werden die Tiere morgens aus dem Stall gelassen und abends vor der Dämmerung wieder eingesperrt. Während Hühner abends von allein ihre Schlafplätze aufsuchen, bleiben Enten und Gänse gern nachts draußen. Man kann sie jedoch darauf trainieren, jeden Abend zu einer bestimmten Zeit an die Futternäpfe zu gehen – dann werden sie eingesperrt.

Überprüfen Sie regelmäßig den Futterverbrauch. Die ausgestreute Menge sollte etwa für einen halben bis einen Tag reichen. Während der Fütterung lassen sich die Tiere am besten beobachten: Tiere, die nicht fressen, schlecht laufen oder andere Zeichen von Krankheiten zeigen, fallen schnell auf.

Enten und Gänse sind mit allen Trinkgefäßen zufrieden, von der Schale bis zum Eimer, solange sie regelmäßig mit frischem Wasser gefüllt werden; als Teich reicht ein Plastikschwimmbecken. Größere Teiche sind zwar wünschenswert, müssen sich jedoch gründlich reinigen lassen. Optimal sind Anlagen mit fließendem Wasser.

In der Legezeit werden die Eier täglich eingesammelt und das Nistmaterial ausgetauscht. Wenn regelmäßig eingestreut wird und die Schlafplätze trocken bleiben, braucht der Stall nur einmal pro Woche gesäubert werden. Bei dicker, täglicher Einstreu reicht es, den Stall ein- oder zweimal pro Jahr zu misten. Der Boden muss trocken sein und darf nicht stinken; die Auflage der Schlafplätze muss häufiger gewechselt werden.

RECHTS So idyllisch die Szene auch aussieht, nachts müssen die Tiere eingesperrt werden.

Urlaub

Haustiere brauchen Rundumbetreuung – an 365 Tagen im Jahr. Solange Sie niemanden finden, der sich verantwortungsvoll um die Tiere kümmert, zerschlagen sich alle Urlaubspläne. Wer Enten und Gänse halten möchte, übernimmt auch die Verantwortung!

Daher sollte man mit wenigen Tieren beginnen. Mit ein paar Tieren gewöhnt man sich an die tägliche Routine, darf sicher sein, dass nächtliche Räuber keine Chancen haben und weiß genau, wie man einen eventuellen Urlaubshelfer einweisen muss – das beruhigt.

Kosten

Die Erstausstattung kostet Geld. Wie viel sie investieren müssen, hängt von den Materialien ab und ob sie selbst Hand anlegen. Das Gehege braucht nicht das gesamte Grundstück einzunehmen. Es muss aber groß genug sein, um den Vögeln an den kurzen Wintertagen oder wenn Sie nicht zu Hause sind, Schutz zu bieten.Die Futter- und Wassernäpfe kosten Geld; vor allem eine wettersichere Unterlage – notwendig in kleinen Gärten – hat ihren Preis. Denken sie auch an den Bau des Teiches und ggf. an Pumpen.

Wenn sie selbst Eier ausbrüten und Junge aufziehen möchten, fallen weitere Kosten an: Wärmelampen, Brutkästen, Brutkäfige und ein mit Netzen geschützter Auslauf. All das kann mehr kosten, als ursprünglich geplant.

Die laufenden Kosten für Futter, Wasser usw. sind auf jeden Fall deutlich höher als der Gegenwert in Eiern oder Fleisch. Ein privater Halter kann nicht so kostengünstig „wirtschaften“ wie ein professioneller Geflügelhalter. Eine reinrassige Gans oder Ente stellt einen gewissen Wert dar. Sie bereiten Freude, dienen als Haustier oder können auf Geflügelschauen ausgestellt werden.

Wassergeflügel zu halten, ist ein Hobby, bei dem nie das Wohl der Tiere aus dem Auge verloren werden darf. Enten und Gänse brauchen eine artgerechte Umgebung und das richtige Futter und Pflege, damit sie sich wohlfühlen. Das Tierschutzgesetz liefert zwar einen juristischen Rahmen für die Mindestansprüche, doch ein verantwortungsvoller Halter wird mehr tun. Die entsprechenden Organisationen oder Bekannte, die bereits Wassergeflügel halten, sind sicher gern bereit, einem Neuling zu helfen.

Nachbarn und Lärm

Die Gemeinden haben Vorschriften zur Haltung von Geflügel in Wohngebieten erlassen. Erkundigen Sie sich zuerst, ob es in Ihrem Viertel erlaubt ist, Wassergeflügel zu halten – Sie sparen unter Umständen viel Geld und vermeiden nachträglichen Ärger. Selbst wenn es erlaubt ist, reagieren Nachbarn oft ärgerlich auf den Lärm, der sich bei einigen Rassen nicht vermeiden lässt. Während sich das Quaken einer Ente im Ohr des Liebhabers wie Musik anhört, nennt es der Nachbar Krach. Mit „leisen“ Rassen vermeiden Sie Ärger. Im Unterschied zu Hähnen sind Ganter eher ruhig, während Weibchen gern schnattern; ein Pärchen ist meist ruhiger als zwei Weibchen. Höckergänse sind sehr laut und im Vergleich mit ihren europäischen Verwandten nehmen Afrikanische Höckergänse einen Spitzenplatz unter den Krachmachern ein. Es lohnt sich, vor dem Kauf nach der Lautstärke der Rasse zu fragen!

Es ist durchaus möglich, Wassergeflügel im Schrebergarten zu halten (sofern es die Satzung erlaubt). Wenn sich mehrere Halter zusammentun, können sie abwechselnd die Vögel herauslassen und einsperren. Enten fressen die Schnecken aus den Beeten, müssen aber in ihr Gehege, sobald sie sich über die Pflanzen hermachen. Damit unbeaufsichtigte Gehege nicht mutwillig zerstört und die Tiere gestohlen werden, sollten Sie erst die Sicherheitslage abklären.

LINKS Zwergenten sind lauter als andere Rassen. Wenn die quakenden Weibchen zu Problemen mit den Nachbarn führen, entscheiden Sie sich nur für Erpel oder eine leisere Rasse.

Es geht los

Enten und Gänse sind hart im Nehmen; Stall und Gehege sollen vorrangig vor Raubtieren schützen. Im westeuropäischen Klima können sie ohne Weiteres ganzjährig im Freien leben. Nur in sehr kalten Wintern oder bei extrem langen Hitzeperioden sind sie im Stall sicherer. Enten und Gänse halten an ihren Gewohnheiten fest und lassen sich darauf trainieren (oder sie trainieren ihre Halter!), jeden Abend zur selben Zeit an die Futterstelle zu kommen. Bevor die Vögel einziehen – vor allem Enten – muss alles fertig sein.

Das Umfeld

Zahl und Platzbedarf

Früher wurden Enten an Flüssen mit Kiesgrund und auf sandigen Böden gehalten. Dafür gibt es einen guten Grund: In Gewässern mit schlammigem Grund hinterlassen Enten ein Chaos, wenn sie mit dem Schnabel nach Würmern gründeln. Gänse verbessern das Gras, Enten zerstören es und fördern den Unkrautwuchs. Fangen Sie mit wenigen Vögeln oder einer kleinen Rasse an und warten Sie ab, wie der Boden reagiert. Wenn Ihnen keine wetterfeste Alternative zur Verfügung steht, verwandeln zu viele Enten den Rasen im Herbst und Winter in eine Schlammfläche. Sie fressen die Schnecken aus dem Beet, machen sich aber auch über die Pflanzen her: Enten brauchen daher mit den Jahreszeiten wechselnde Flächen.

Wenn Sie einen kleinen Garten haben, sollten Sie ein Gehege mit Kies anlegen; es ist für jedes Wetter geeignet. Nur bei trockenem Wetter, wenn der Boden nicht zu nass oder gar matschig ist, dürfen die Enten auf das Gras. Im Winter und bei lang andauerndem Regenwetter sind die Enten besser auf Kies, tiefgründigem Rindenmulch, Beton oder im Stall aufgehoben, sonst zerwühlen sie den Rasen.

Der Gänsebesatz hängt weitgehend vom Wetter, der Jahreszeit und dem Bodentyp ab. Am sichersten sind tiefgründige Sandböden: Krankheiten breiten sich nicht so leicht aus und das Gras kann sich schnell regenerieren. Im Idealfall grasen Gänse auf etwas größerem Gelände unter Obstbäumen im Wechsel mit Schafen und Rindern. [Vorsicht: Gänse und Enten dürfen nicht zusammen mit größeren Tieren in einem Gehege gehalten werden; sie könnten zertrampelt werden.] Hohes Gras muss vorher gemäht werden, denn Gänse lieben kurze, frische Grashalme. Wenn man sie lässt, machen sie sich auch gern über Jungpflanzen und Gemüse im Garten her.

UNTEN Kurz gemähtes Gras hat den höchsten Nährwert. Vermeiden Sie potenzielle Gefahrenquellen: Bäche könnten über die Ufer treten und alte Gerätschaften die Tiere verletzen.

Geschlechterverhältnis: Zu viele Erpel machen den Enten das Leben schwer

Neulinge in einer Hühnerschar sorgen für Probleme, denn sie müssen sich erst in die bestehende Hackordnung eingliedern. Das ist bei ausgewachsenen Enten anders. Ein neues Weibchen wird von den anderen problemlos akzeptiert – nachdem sich alle ausgiebig inspiziert und begrüßt haben. Enten fügen sich gegenseitig auch keine ernsten Schäden zu. Sollte es allerdings in einer reinen „Männergruppe" zu Streitereien kommen, müssen die Tiere getrennt werden.

In einer Konstellation ist es allerdings vorbei mit gutem Benehmen: Zu viele Männchen sorgen für Unruhe unter den Weibchen. Wenn sich zwei oder mehr Erpel nacheinander mit demselben Weibchen paaren, kann es sogar gefährlich für die Ente werden. Trennen Sie die Geschlechter und sperren Sie die überzähligen Erpel in ein eigenes Gehege. Wenn mehr als ein Männchen in der Gruppe lebt, sollten Sie beobachten, wie die Erpel mit einem neuen Weibchen umgehen. Wenn es von den Erpeln schlecht behandelt wird, werden alle bis auf einen in ein Extragehege gesperrt, bis sich das Weibchen eingewöhnt hat.

Die Paarung der Enten gleicht eher einer Belästigung oder gar Vergewaltigung, da sie nicht immer mit Zustimmung der Ente geschieht. Zu viele Erpel können eine Ente so lange bedrängen, bis sie erschöpft und ihr Gefieder durchnässt ist. Ihre Augen werden verletzt, es kommt zum Vorfall des Legedarms und im Extremfall kann die Ente sogar sterben. Die häufigen Paarungen schaden aber auch den Erpeln (Penisvorfall). Alle diese Probleme vermeiden Sie, wenn Sie die Zahl der Erpel einschränken oder den Arbeitsaufwand in Kauf nehmen, die Enten zum Schutz der Weibchen in Kleingruppen aufzuteilen.

Wer die Enten nur zum Spaß oder als Schneckenvertilger halten möchte, ist mit mehreren Erpeln gut bedient, sofern sie sich gut kennen und keine Weibchen in der Nähe sind. Kaufen Sie alle Erpel gleichzeitig, damit für jeden dieselben Bedingungen herrschen. Während der Balzzeit kommt es in größeren Erpelgruppen immer wieder zu Kämpfen; dann werden sie in Kleingruppen aufgeteilt. Viel Platz und reichlich Futter besänftigen die Gemüter. Wenn Sie „nur" Zierenten halten möchten, reicht ein Pärchen aus.

Gänse machen weniger Probleme. Sie werden als Pärchen gekauft und leben gern als Paar. In einer größeren Gänseherde sollten die Weibchen überwiegen. Während der Balzzeit beginnen die Ganter zu kämpfen, doch in der Regel sorgt der Alpha-Ganter für Ordnung – wenn die Gänse genügend Platz haben. Sollten die Tiere, Gänse oder Ganter, gar nicht miteinander auskommen, sollte man sie trennen.

Zäune

Unter Umständen müssen Sie neu gekauften Vögeln die Schwungfedern stutzen (siehe S. 37); sie gehören zunächst in ein Gehege, damit sie nicht wegfliegen oder abwandern können. Auf keinen Fall dürfen sie direkten Zugang zu einem Gewässer bekommen, ehe sie sich nicht eingelebt haben und ihr neues Heim akzeptieren, sonst könnten sie einfach verschwinden.

Sperren Sie Zwergenten und die kleinen Formen der Rassen während der Balz- und Brutzeit ein. Sonst kann es vorkommen, dass ein Weibchen auf einem versteckten Nest zu brüten beginnt und nicht mehr zurückkommt. Es kommt immer wieder vor, dass frei laufende Zwergenten während der Brutzeit auf Nimmerwiedersehen verschwinden.

Gewöhnlich reicht ein 1 Meter hoher Zaun aus, um unternehmungslustige oder verängstigte Enten zurückzuhalten, doch viele Züchter bevorzugen sogar 1,80 Meter hohe Zäune, die oben und unten mit einem Elektrodraht gesichert werden, um Füchse abzuhalten. Lassen Sie Elektrozäune von einem Fachmann installieren.

Die Maschenweite richtet sich nach der Größe der Tiere. Große Maschenweiten halten nur wirklich große Tiere zurück. Die meisten Züchter bevorzugen den engmaschigen Kaninchen- oder Hühnerdraht. Für einen dauerhaften Zaun ist ein Gittermattenzaun aus verschweißten Drähten (Maschenweite 5 cm) optimal. Solche Zäune sind zwar doppelt so teuer wie Kaninchendraht, brauchen aber nur wenige Pfosten und halten jahrelang. Wenn er eingegraben und mit zwei

OBEN Der 1 m hohe Zaun wird unten durch zwei, oben durch einen Elektrodraht gesichert. Die Pflanzen dürfen den Draht nicht berühren.

LINKS Die Krummschnabelenten und Höckergänse sind hinter einem 1,80 m hohen raubtiersicheren Zaun untergebracht.

bis drei Elektrodrähten gesichert wird, schützt er vor Hunden und Dachsen. Zum Schutz gegen Füchse empfiehlt sich außen ein separater Elektrozaun. Allerdings könnten Enten ihre Köpfe durch die 5-cm-Maschen stecken, auch Iltis und Marder zwängen sich hindurch. Sollten Sie von Marderübergriffen in Ihrer Gegend wissen, verwenden Sie einen Zaun mit 3,5 cm Maschenweite.

Schutz vor Raubtieren

Dass Enten und Gänse nachts in fuchs- und raubtiersicheren Gehegen eingeschlossen werden, dürfte selbstverständlich sein. Anders als Hühner ziehen sich Enten und Gänse aber nicht freiwillig in einen Unterschlupf zurück – sie müssen in den Stall getrieben werden.

Viele Menschen glauben, dass Enten und Gänse nachts am Teich sicher sind. Das gilt aber nur dann, wenn sie sich auf eine Insel zurückziehen können. Daher sollten Sie mit Verlusten rechnen, wenn Sie neue Vögel kaufen. Sie sind noch nicht mit der Situation vertraut und würden bei Gefahr nicht rechtzeitig auf die Insel flüchten. Es dauert eine Weile, bis sie sich endgültig eingewöhnt haben. Die größten Verluste sind bei den Weibchen zu erwarten. Sie bewegen sich in der Brutzeit langsamer und würden ihre ungeschützten Nester nicht verlassen. Domestizierte Vögel sind anfällig gegenüber Darmentzündungen, die von wilden Stockenten übertragen werden. Bussarde und Habichte greifen sich kleine Rassen und Jungtiere, und Ratten, Reiher, Elstern und Krähen holen sich die Küken.

OBEN LINKS Ein Netz, das auch zum Abdecken von Obstbäumen verwendet wird, bietet Zwergenten und Jungvögeln sicheren Schutz.

OBEN Wilde Vögel, wie Fasane oder Krähen, werden vom Futter angelockt. Auf S. 41 werden Futtermöglichkeiten beschrieben, sodass keine Futterreste verstreut herumliegen.

Stall und Streu

Der Fachhandel bietet inzwischen Hühnerställe an, die mit Stangen, Nistkästen und Rampen bis ins letzte Detail durchdacht sind – gut für Hühner, jedoch für Enten und Gänse ungeeignet. Denn diese sitzen nicht auf Stangen und benutzen nur in seltenen Fällen Nistboxen. Enten und Gänse sind mit einem einfachen Holzschuppen zufrieden, der ihnen Sicherheit bietet und gut belüftet wird (von der Hauptwindrichtung abgewandt, die auch den Regen bringt). Tatsächlich dürften Sie im Angebot von Gartencentern oder in Betrieben, die Landwirte versorgen, eher fündig werden. Ein kleines Gartenhaus ist besser geeignet und preiswerter als ein Hühnerstall.

Die meisten Hütten werden aus vorgefertigten imprägnierten Brettern mit Nut und Feder gebaut. Obwohl moderne Holzschutzmittel sicherer sind als die alten Produkte, sollten Sie einen neuen Stall gründlich lüften, ehe die Tiere hineindürfen. Ideal sind Schuppen von renommierten Herstellern, die mit Tanalith® druckimprägniert wurden.

Enten und Gänse brauchen genügend Platz für die Nacht. Eine Hütte von 2,40 Metern im Quadrat bietet Platz für bis zu zehn Zwergenten, vier große Enten oder ein Gänsepärchen. Enten und Gänse sollten nicht zusammen untergebracht werden.

Stellen Sie den Stall in einer Ecke des Geheges auf, damit sich die Tiere nicht hinter dem Stall verstecken können. Ein trockenes Fundament sorgt für längere Haltbarkeit. Der Eingang sollte so breit sein, dass sich die Enten nicht gegenseitig behindern. Eine Hühnerklappe ist für Enten und Gänse viel zu klein. Sollte die Tür nicht ebenerdig abschließen, brauchen die Tiere eine Rampe. Als Standort für den Stall sollten Sie eine leicht erhöhte, trockene Stelle wählen.

Enten und Gänse würden zwar auch ein Bachufer schätzen, doch die Gefahr, dass das Gehege bei Hochwasser geflutet wird, wäre zu groß.

Bringen Sie zur Lüftung ein mit Maschendraht gesichertes Fenster auf der geschützten Seite des Stalles an. Die Maschenweite muss klein genug sein, um Marder und Iltisse abzuhalten. Schließen Sie die Tiere jeden Abend ein, bevor es dunkel wird.

Als Streu eignet sich jedes weiche Material, von Hobelspänen bis zu groben Sägespänen. Heu oder trockener Grasschnitt sind weniger geeignet, weil sich Schimmelpilze bilden, deren Sporen Aspergillose auslösen könnten. In Stroh reichern sich die Ausscheidungen (Nitrate) an. Ideal sind helle Hobelspäne von garantiert unbehandeltem Holz (Pestizide, Fungizide), die auch als Stallstreu für Pferde verkauft werden. Wenn Enten und Gänse in ihrem Stall weder gefüttert noch getränkt werden, bleibt die Streu länger trocken. Dann können sie die alte Streu im Winter einfach liegen lassen und eine neue Lage Streu darauf verteilen, sodass sich eine wärmende Isolierschicht bildet.

Gebrauchte Streu gehört auf den Kompost; es dauert allerdings ziemlich lange, bis die Holzspäne verrottet sind. Breiten Sie die ehemalige Streu nach einem Jahr als Mulch auf Ihren Beeten aus. Streu aus Hanf ist für Wassergeflügel nicht zu empfehlen. Wenn die Tiere die Streu fressen, quillt sie im Magen um ein Vielfaches ihres Volumens auf und bereitet Bauchschmerzen – niemals für Jungvögel einsetzen!

UNTEN Der Stall muss sich den Gegebenheiten anpassen. Hier wurde mit einer Plastikplane ein Bereich abgegrenzt, in dem junge Enten und Gänse vor Raubtieren und schlechtem Wetter geschützt sind (siehe auch S. 109).

OBEN In diesen Stall in einer Ecke des Geheges lassen sich die Enten problemlos treiben. Der Zaun aus 1,30 m hohem Geflügeldraht ist mit Pfosten und Querbrettern gesichert.

Wasser

Enten und Gänse brauchen Wasser (siehe S. 17–19). Zumindest sollten sie sich Gesicht und Augen waschen können und genügend Wasser zur Verfügung haben, um sich zu baden und ihr Gefieder zu pflegen. Auch Untertauchen und Flügelschlagen gehören zum Reinigungsritual. Ohne Bad wird das Gefieder schmutzig und verliert seine Fähigkeit, Nässe abzuweisen (siehe S. 19).

So verlockend ein natürlicher Wasserlauf auch erscheinen mag, er ist nicht immer ideal. Wenn überhaupt, sind Bäche sicherer als Flüsse, denn eine Überschwemmung wäre verheerend. Enten halten kleine Stillgewässer frei von Wasserpflanzen und finden darin proteinreiche Nahrung. Allerdings könnten Teiche, in denen in heißen Sommern die Wasserpflanzen absterben, eine Botulismusinfektion auslösen.

Ein paar Enten oder Gänse geben sich durchaus mit Eimern und Wannen zufrieden, solange das Wasser regelmäßig gewechselt wird – mindestens einmal am Tag. Zwergenten brauchen mindestens eine Waschschüssel, fühlen sich aber merklich wohler, wenn ihnen ein kleiner Teich zur Verfügung steht.

Gartenteich mit Badeleiter

In normalen Gartenteichen mit Kunststofffolie wird das Wasser durch die Ausscheidungen der Enten rasch faulig. Besser geeignet sind stabile Planschbecken oder Plastiksandkästen für Kinder, die regelmäßig entleert und gesäubert werden können. Da man sie beliebig umstellen kann, wird auch die Gefahr von Krankheiten reduziert.

Sorgen Sie stets für einen sicheren Ausstieg. Teiche mit glatten Wänden können zur gefährlichen Falle werden. Ist der Teich randvoll gefüllt, hüpfen oder flattern die Enten problemlos heraus. Bei niedrigerem Wasserstand scheitern vor allem die Jungtiere am hohen Wannenrand. Eine schwimmende Rampe löst das Problem. Denken Sie auch an Ihre Kinder: Kleinkinder dürfen keinen Zugang zum Ententeich haben.

OBEN Enten und Gänse brauchen Wasser zum Trinken und um darin zu baden. Stellen Sie jedoch sicher, dass die Vögel problemlos ans Ufer gelangen können.

Tipp

Sogar Wasservögel können in engen Behältern mit steilen Seiten ertrinken. Die Wasserfläche muss groß genug sein, damit sich die Vögel drehen können und nicht gefangen werden.

UNTEN Diese flachen, breiten Wannen sind preiswert und ideal für Jungtiere und ausgewachsene Vögel.

Wann und wo kaufen?

Rassegeflügel wird meist paarweise (Männchen und Weibchen) angeboten. Der Einstieg in die Enten- und Gänsehaltung fällt viel leichter, wenn Sie erwachsene bzw. über 16 Wochen alte Tiere kaufen. Die erwachsenen Vögel sind bereits „wetterfest“ und weniger durch Raubtiere gefährdet.

> **Tipp**
>
> **Geflügelauktionen**
>
> Einsteiger sollten bei Geflügelauktionen sehr vorsichtig sein. Die Informationen im Katalog über Rasse, Alter und Geschlecht sind nicht immer verlässlich. Wenn Sie unbedingt mitsteigern wollen, ziehen Sie einen unabhängigen Experten zu Rate.

Ab August werden Vögel mit vollem Gefieder verkauft. Anbieter sind Fachhändler oder Auktionen, auf denen nicht immer die Qualität garantiert wird.

Häufig ist es günstiger, direkt von Züchtern zu kaufen, die in Fachzeitungen inserieren (siehe S. 126). In Organisationen zusammengeschlossene Liebhaber haben oft vereinseigene Websites mit Links zu den Mitgliedern. Züchter, die solchen nicht kommerziellen Vereinen angehören, achten darauf, rassereine, gesunde Tiere zu züchten – immerhin wollen sie ihre Vögel auf Ausstellungen zeigen. Sie kennen auch die besten Bedingungen, unter denen Enten und Gänse gehalten werden sollten. Vielleicht sind sie etwas teurer als auf einer Geflügelauktion, aber sie beraten den Käufer und garantieren Rasse, Alter und Geschlecht der Vögel.

Weitere Informationen bieten der Lokalteil von Zeitungen, Vereinsnachrichten in Anzeigeblättern oder Zoogeschäfte. Allerdings sollte man nicht jedes Wort einer Anzeige auf die Goldwaage legen; es ist nie auszuschließen, dass man an einen weniger seriösen Züchter gerät.

Das Angebot ist stark abhängig von der Rasse. Manche sind selten und werden nur lokal gehalten. Die Krummschnabelenten beispielsweise standen bereits kurz vor dem Aussterben, als sie in den 1980er-Jahren in Holland wiederentdeckt wurden. International sind sie noch extrem selten.

Tatsächlich sind fast alle reinen Rassen selten. Sie wurden früher auf kleinen Bauernhöfen gehalten, die im Zuge der Verstädterung und der Umstellung der Landwirtschaft nach und nach verschwanden. Seltene Haustierrassen findet man daher fast nur noch in kleinbäuerlichen Betrieben oder in den Händen von Hobby-Züchtern, die ihre „Schätze“ auf Ausstellungen vorführen. Wenn Sie an einer ganz bestimmten Rasse interessiert sind, machen Sie sich rechtzeitig auf die Suche – und rechnen sie mit langen Fahrten. Die Vögel werden im Frühling bestellt und das begrenzte Angebot bestimmt auch den Preis: sowohl die Jung- als auch die Alttiere sind teuer.

LINKS Junge silberne Appleyard-Erpel wechseln im Alter von zehn Wochen erstmals ihr Gefieder. Die Qualität des Gefieders kann erst ab einem Alter von 18 Wochen bewertet werden. Erpel erkennt man an dem grünlichen Ton des Schnabels, dem gerade erscheinenden weißen Kragen und an den grünen Kopffedern.

OBEN Manche Farbfehler zeigen sich erst bei ausgewachsenen Vögeln. Der Buffgans-Mischling hat eine weiße Brust, die grauen und weißen Tiere könnten Weibchen mit geschlechtsgebundenen Farbmerkmalen sein.

Vögel, die in größerer Zahl gezüchtet werden, sind im Sommer und Herbst preiswerter. Im Frühling ist das Angebot kleiner und die Preise höher, weil die Züchter die Kosten der Überwinterung einrechnen. Daher werden nur die besten Tiere über den Winter behalten, vor allem Weibchen für die Zucht. Zusätzliche Weibchen werden üblicherweise schon früh im Jahr bestellt.

Kommerziell gezüchtete Rassen

Nur professionelle Entenzüchter bieten Weibchen in größerer Anzahl an, beispielsweise Campbell- oder weiße Aylesbury-Enten. Allerdings sind nicht alle großen, weißen Tiere unbedingt reinrassige Aylesbury-Enten, sondern fast immer Hybridzüchtungen, die besonders viele, weiße Eier legen. Auch die weißen Tafelenten werden zu Tausenden kommerziell gezüchtet. Männliche Tiere werden bereits einen Tag nach dem Schlüpfen aussortiert und getötet; nur die Weibchen kommen in den Verkauf. Speziell auf Legeeigenschaften gezüchtete Enten werden von spezialisierten Züchtern in Fachzeitschriften für Profis angeboten (siehe S. 126). Sie verkaufen ihre Jungtiere zwischen März und Juli.

Kommerzielle Gänsezüchter sind sehr viel schwerer zu finden, da sie seltener in Fachzeitschriften inserieren. Hier helfen Mundpropaganda oder das Internet, wo Hobbyzüchter ihre Tiere anbieten.

Daran sollten Sie denken

- Reinrassige Exemplare sind schwerer zu bekommen als normales Lege- und Tafelgeflügel. Besorgen Sie sich ein Pärchen, später können Sie vielleicht selbst züchten.
- Enten und Gänse haben eine kürzere Brutzeit als Hühner. Gänse legen vom Frühling bis Frühsommer (Februar bis Juni), Enten legen etwas länger. Ihre Hauptlegezeit ist im April. Kommerziell gezüchtete Tiere legen das ganze Jahr über; allerdings lässt ihre Eierproduktion im Herbst und Winter nach. Kaufen Sie die Tiere je nach Möglichkeit und Angebot. Jungtiere mit voll ausgebildetem Gefieder (16 Wochen alt) werden meist erst im Sommer angeboten.
- Besuchen Sie im Herbst eine Geflügelschau und kontaktieren Sie Anbieter und Züchter. Dort werden Sie beraten und können vielleicht sogar Tiere kaufen. Manche Rassen werden oft nur lokal gepflegt und gezüchtet. Sie stehen selten zum Verkauf, sind nur in geringer Zahl vorhanden und können nicht mit dem Zuchtgeflügel der großen Schauen mithalten.
- Nehmen Sie auf jeden Fall den Kontakt zu Züchtern und/ oder Vereinen in Ihrem Umkreis (Zeitungen, Anzeigenblätter, Internet) auf.

OBEN Gänseküken aufzuziehen, erfordert besondere Sorgfalt. Wenn es jedoch gelingt, bleiben die Gänse lebenslang handzahm.

OBEN Schon nach 4–5 Wochen verraten die konzentrisch gesäumten Federn auf dem Bürzel, dass diese silberne Zwergente ein Erpel ist.

Tipp

Anzahl der Erpel

Halten Sie keine Gruppen mit mehr Erpeln als Enten. In einer Gruppe von erwachsenen Tieren sollten höchstens ein oder zwei Erpel leben, je nachdem wie friedlich sie sich während der Brutsaison verhalten.

Enten- und Gänseküken

Anders als kommerzielle Züchter sind die Züchter reinrassiger Tiere nicht immer bereit, ihre Jungtiere zu verkaufen. Vor allem Liebhaber, die ihre Tiere auf Leistungsschauen zeigen möchten, brauchen reinrassige Eltern für die Zucht. Sie werden nur jene Tiere verkaufen, mit denen sie nichts anfangen können, allerdings nur selten Jungtiere.

Kaufen Sie nur dann Küken, wenn Sie auf die Aufzucht vorbereitet sind. Küken sind sehr empfindlich und brauchen einen guten Start unter besten Bedingungen, sonst treten Krankheiten wie „Engelflügel" oder kranke Füße auf. Sie brauchen altersgerechtes Futter und müssen vor Parasiten, schlechtem Wetter und Raubtieren geschützt werden. Wenn die Jungtiere bereits im Freien waren, könnten sie Parasitenträger sein. Lernen Sie die wichtigsten Parasiten und ihre Bekämpfung kennen. Der Lohn der Mühe sind handzahme Enten und vor allem Gänse. Kaufen Sie nie ein einzelnes Jungtier. Auf S. 106–109 stehen weitere Details.

Ein erwachsenes Pärchen

Bei einem Pärchen erwachsener Vögel lässt sich das Geschlecht eindeutig bestimmen. Wer spontan Küken kauft oder Eier ausbrütet, findet sich gelegentlich mit zu vielen männlichen Tieren wieder. Wenn Sie kein neues Heim für sie finden, müssen die Jungtiere getötet werden. Setzen Sie niemals junge Männchen in einem Gewässer aus – das wäre Tierquälerei.

UNTEN Enten- und Gänseküken im Daunenkleid sollten nicht auf Märkten oder Auktionen verkauft werden. Gute Händler bieten nur Vögel mit voll entwickeltem Gefieder an. Die Züchter haben eine Sorgfaltspflicht – Wärme, Futter und Wasser. Auf einem Markt sind diese Bedingungen nicht gewährleistet. Wenn Sie junge Vögel kaufen möchten, wenden Sie sich direkt an einen Züchter oder kaufen Sie die Mutter dazu. Küken können während des Transportes und auf dem Markt austrocknen, frieren und gesundheitliche Schäden davontragen.

Geschlechtsbestimmung bei Enten

- Bei erwachsenen Tieren ist die Unterscheidung einfach: Enten „quaken", während Erpel ein charakteristisches kratzendes Geräusch machen.
- Im Alter von 5–6 Wochen wird aus dem Piepen der Küken das weibliche Quaken.
- Im Alter von 14 Wochen zeigt sich bei Erpeln die „Erpellocke" am Bürzel. Sie nutzt sich allerdings mit der Zeit ab.
- Außer bei rein weißen und schwarzen Rassen zeigen sich im Gefieder geschlechtsspezifische Unterschiede. Die meisten Erpel haben eine charakteristische „Haube" aus grünen, blauen oder glänzend braunen Federn.
- Bei den Erpeln farbiger Rassen zeigen sich dunkle Markierungen auf dem Bürzel. Bei Erpeln mit gemusterten Bürzelfedern (z.B. Streicher-Ente, silberfarbige Zwergente) sind die Federn konzentrisch mit helleren Tönen gesäumt, während sich bei Weibchen ein Längsstreifen über die gesamte Federlänge zieht.
- Bei vielen Rassen haben die Erpel grüne, die Weibchen orangegelbe, orangebraune oder dunkle Schnäbel. Bei weißen Rassen sind die Schnäbel geschlechtsneutral orangegelb, dunkeln bei den Weibchen aber stärker nach.
- Abbildungen von Tieren mit den anerkannten Rassemerkmalen sind eine gute Hilfe; daraus lässt sich auch die spätere Größe und der Wuchs der Rasse ablesen.
- Wenn nötig, kann das Geschlecht auch direkt am After (Kloake) bestimmt werden. Überlassen Sie das aber einem erfahrenen Züchter.

Geschlechtsbestimmung bei Gänsen

Die Geschlechterbestimmung ist bei Gänsen komplizierter, besonders bei großen Rassen wie der Toulouser-Gans. Typische Bestimmungsmerkmale sind die Größe und das Verhalten. Beobachten Sie die Tiere. Gänse wissen am besten, wer wer ist!

- Erfahrene Züchter bestimmen das Geschlecht einer Gans ab einem Alter von 3–5 Wochen direkt an der Geschlechtsöffnung und beringen sie.
- Männliche Gänse wachsen schneller, sind mutiger und haben größere Füße, die auffallen, wenn sie im Alter von vier Wochen beringt werden.
- Zahme Weibchen, die hochgenommen werden, knabbern eher an der Kleidung als Ganter.
- Ab etwa zwölf Wochen bekommen Weibchen tiefere Stimmen; die Stimme der Ganter bleibt höher. Weibliche Höckergänse rufen charakteristisch „oink". Ganter werden für gewöhnlich größer, die Gänse haben kräftigere Schenkel.
- Das Geschlecht von weißen Rassen, wie Emdener-, Italienischer und Ungarischer Lockengans lässt sich unmittelbar nach dem Schlüpfen bestimmen: Die Geschlechter sind unterschiedlich gefärbt. Gänse und Ganter zeigen nach dem Schlüpfen ein schwaches, graues Muster auf dem Rücken, das bei den Gänsen dunkler ausfällt. Später färben sich die Federn weiß, bei den Weibchen bleiben aber bis zum zweiten Lebensjahr einige graue Federn am Bürzel übrig. Die weißen Lockengänse schlüpfen leuchtend gelb: sie haben ein anderes „Weiß-Gen" als die europäischen Rassen.
- Weibliche Küken von Rassen mit geschlechtsspezifischen Unterschieden, wie die West of England- und Shetlandgänse haben einen grauen Rücken, der bis ins Alter erhalten bleibt. Bei den Pilgrimgänsen schlüpfen graue Weibchen mit dunklerem Schnabel. Die Farbe dient nur bei reinrassigen Küken als Geschlechtsmerkmal.
- Bei einigen Rassen bleiben die Geschlechter lebenslang gleich gefärbt (z.B. Brecon Buff, Steinbacher Kampfgans und Toulouser).

Oft bleibt das Geschlecht einer jungen Gans bis zur ersten Brutzeit unbekannt – wer Eier legt, ist weiblich. Zwischen den einzelnen Eiablagen liegen etwa 36 Stunden. Wenn zwei Gänse an einem Tag zwei Eier legen, haben Sie also kein Paar, sondern zwei Weibchen. Zwei Ganter, die offensichtlich gut miteinander auskamen, ändern ihr Verhalten in der Balzzeit und beginnen, miteinander zu kämpfen. Sie werden versuchen, sich mit dem anderen zu paaren, ohne dass einer aufgibt.

In einer größeren Gruppe vertreiben dominante Ganter überzählige Rivalen. Im Gegensatz zu Erpeln bleiben Ganter bei ihrer Partnerin, entwickeln eine starke Bindung zu den Gösseln und sind insgesamt „freundlichere" Persönlichkeiten.

Untersuchung der Vögel

Wer ausgewachsene Vögel kauft, hat einen weiteren Vorteil: Größe und Körperform sind gut erkennbar. Sollte eine Verformung des Rückgrates vorliegen, fällt diese nun ins Auge (nur Missbildungen des Halses oder ein schiefer Schwanz fallen früher auf). Überprüfen Sie, ob sich die Tiere normal bewegen, nicht hinken und heben Sie sie hoch, um das Gewicht zu prüfen.

Treiben Sie die Gruppe vorsichtig in eine Stallecke und nehmen Sie das Tier hoch. Sehen Sie sich die Augen an, sie sollten klar sein. Die Unterseiten der Füße dürfen nicht verletzt sein. Überprüfen Sie auch den Po. Der After sollte sauber und die umliegenden Federn nicht verklebt sein.

UNTEN Missbildungen, wie ein krummer Rücken (Vogel in der Bildmitte), zeigen sich häufig erst bei fast ausgewachsenen Vögeln.

LINKS So wird ein Vogel gehalten: Legen Sie eine Hand unter den Körper; sie trägt das Gewicht und hält die Beine fest. „Klemmen" Sie den Vogel vorsichtig unter Ihren Arm (ohne Druck!). Quetschen Sie die Beine nicht zusammen und heben Sie Wassergeflügel nie an den Beinen hoch.

Stutzen Sie bis zu sechs Flugfedern bis auf die Höhe der Deckfedern.

Wachsende Federkiele werden 4–9 Wochen lang über Blutgefäße versorgt. In dieser Zeit dürfen sie nicht beschnitten werden.

Schneiden Sie nur die voll ausgebildeten Federn an einem Flügel ab. Die fünf äußeren Flugfedern (bis zu den Deckfedern) reichen aus.

Flügel stutzen

- Die Flügel werden gestutzt, sobald Sie zu Hause ankommen. Die Federn sollten voll entwickelt sein. Bei 4–9 Wochen alten Jungvögeln wachsen sie noch, Blutgefäße laufen durch die Schäfte. Erst wenn das Wachstum abgeschlossen ist, dürfen die Federn beschnitten werden.
- Stutzen Sie nur die 4–6 äußeren Federn der Handschwingen (siehe Abb. auf S. 14). So kann der Vogel nicht mehr fliegen. Schneiden Sie die Federn bis auf die Höhe der Deckfedern ab. Dort geht der Schnitt durch den kompakten Teil des Schaftes. Der hohle untere Teil könnte als „Einstieg" für Schmutz und Bakterien dienen. Wenn Sie unsicher sind, entfernen sie vorsichtig die ersten 5 cm. Dieser Schnitt tut den Tieren nicht weh; es ist wie Haare schneiden.
- Stutzen Sie nur die Federn fliegender Rassen. Das sind vor allem die Zwergformen der Rassen, Zwergenten und leichte Gänserassen, wie Italienische und Tschechische Gänse. Lockengänse können nicht fliegen, Höckergänse haben offenbar keine Lust dazu und andere Rassen sind zu schwer.

Transport und Transportkäfige

Hobbyhalter sind nicht an die gesetzlichen Bestimmungen für professionelle Tierhalter gebunden. Dennoch sollte gerade bei ihnen das Wohlergehen der Tiere an oberster Stelle stehen. Alle Vögel werden in geeigneten, gut belüfteten Boxen transportiert, in denen sie aufrecht stehen können (siehe Abb. rechts).

Ein stabiler Pappkarton mit einigen Luftlöchern wäre prinzipiell ausreichend, zumindest für eine kurze Fahrt. Holen Sie die Tiere nicht gerade an einem Tag, an dem es heiß und stickig ist, der Transport bereitet ihnen auch so schon genug Stress. In einem Auto überhitzen die Vögel rasch und könnten sogar sterben. Decken Sie oben offene Pappkartons mit Kükendraht ab (mit Draht befestigen). Stapeln Sie keine Pappkartons aufeinander, sie könnten einknicken oder umkippen. Der Kofferraum ist ungeeignet, weil die Luft nicht zirkuliert. Legen Sie die Boxen mit sauberem Stroh aus; es staubt nicht so wie Sägespäne und gibt den Füßen besseren Halt.

OBEN Vögel können in Plastikkisten, Hundeboxen oder ähnlichen Transportbehältern für Haustiere transportiert werden. Parken Sie Ihren Wagen bei heißem Wetter im Schatten, öffnen Sie die Fenster und lassen Sie die Vögel nicht allein im Auto zurück.

Ankunft im neuen Heim

Setzen Sie die erworbenen Tiere sofort in ihren Stall, damit sie nach der Reise zur Ruhe kommen können. Auch wenn Enten und Gänse sonst nicht im Stall gefüttert werden sollten, können Sie eine Ausnahme machen: Frisches Wasser und eine Handvoll Weizenkörner werden nach der Fahrt sicher dankbar angenommen.

Enten müssen zunächst eingesperrt bleiben. Sie sind an die Gesellschaft zahlreicher Artgenossen gewöhnt und würden sich instinktiv auf die Suche nach ihren Kumpanen machen. Ein weiterer Grund ist, dass Enten, die nicht an andere Tiere gewöhnt sind, schon beim Anblick eines braven Hundes unruhig werden könnten. Gewöhnen Sie die Vögel behutsam an ihre neue Umgebung.

Sobald sich die Tiere etwas beruhigt haben, bekommen sie ihr Lieblingsfutter. Vielleicht mögen sie gern Brot. Füttern Sie die Tiere mit kleinen Leckerbissen aus der Hand. Streuen Sie das Futter aber nicht zu reichlich aus, denn etwas hungrige Vögel werden schneller zahm. Immer nur kleine Mengen füttern. Sie werden rasch lernen, Ihre Anwesenheit mit dem Futter zu verbinden.

Das richtige Futter

Verdauungstrakt

Obwohl Enten und Gänse verschiedenen Gattungen angehören und sich unterschiedlich ernähren, ist ihr Verdauungsapparat ähnlich aufgebaut. Ihnen fehlt der sackartige Kropf der Hühner, in dem das Futter lagert, bis es in den Muskelmagen gelangt und über Nacht sogar vorverdaut werden kann. Bei Enten und Gänsen ist nur der untere Teil der Speiseröhre zu einem Vormagen erweitert, in dem die Nahrung mit Verdauungssäften eingeweicht wird.

Die Speiseröhre geht zwischen dem Gabelbein in den Muskelmagen über. Säugetiere brauchen keinen Muskelmagen; sie zerkleinern ihre Nahrung mit den Zähnen. In der Tat übernimmt der kräftige Muskelmagen die Aufgabe der Zähne: Er zerreibt das Futter zwischen verschlucktem Sand und Steinchen zu Brei. Kantige Granitsteinchen sind effektiver als Kiesel. Das Innere des Muskelmagens wird durch eine harte Oberfläche vor Abnutzung geschützt. Enten, vor allem jedoch Gänse, sind daher auf Steinchen im Futter angewiesen, um harte Getreidekörner zerkleinern und Pflanzen zermahlen zu können. Tiere, die viele Gräser fressen, brauchen die Steinchen besonders dringend. Gänse müssen sich ihre Nahrung hart erarbeiten: Sie fressen fast ausschließlich Pflanzen und haben keinen Kropf (Schlund und Vormagen haben nur eine begrenzte Kapazität). Außerdem können sie sich nicht wie Wiederkäuer auf Bakterien verlassen, die das Futter im Magen aufschließen. Sie müssen den Pflanzensaft mit Sand und Steinchen aus ihrem Futter zermahlen.

Das Futter kann mehrfach zwischen Muskelmagen und Vormagen hin und her geschoben werden; auch Verdauungssäfte helfen bei der Zerkleinerung des Futters. Erst die vollständig aufgeschlossene Nahrung wandert weiter in den Darm, indem die Nährstoffe in den Blutkreislauf aufgenommen werden.

Gänse haben zwei außergewöhnlich große Blinddärme, die am unteren Darm ansetzen; ihre Funktion ist noch nicht vollständig geklärt. Vielleicht beherbergen sie Bakterien, die pflanzliche Zellulose aufschließen können.

Schließlich werden die unverdaulichen Reste als zerkautes Gras und seltener auch als dunkler Kot ausgeschieden. Gänse haben eine ineffiziente Verdauung, d.h. sie müssen größere Mengen Nahrung aufnehmen, um ausreichend versorgt zu werden. Bereits nach etwa zwei Stunden hat die Nahrung den gesamten Verdauungstrakt passiert. Daher eignen sie sich bestens als „Rasenmäher", besonders dort, wo man mit dem echten nicht gut hinkommt.

UNTEN Enten sind leichter als Gänse; sie fressen nicht nur Gras, sondern auch konzentrierte Nährstoffe in Form von wirbellosen Tieren. Gänse verbringen viel Zeit beim Grasen. Ihre Muskelmägen müssen in Bestform sein, um die großen Mengen an Grünfutter effektiv zu zerkleinern. Achten Sie darauf, dass sie Zugang zu Sand und feinem Kies haben. Entwurmen Sie regelmäßig (S. 114).

Was fressen Wildenten?

Enten sind Allesfresser und Generalisten. Sie fressen alles, was sie verdauen können: Tiere und Pflanzen an Land und im Wasser. Stockenten halten sich meistens an Pflanzen, Samen und Gräser, doch während der Paarung, im Wachstum und bei der Mauser wenden sie sich nährstoffreicher tierischer Nahrung zu. Ihre Fortpflanzungszeit und die Zeit des Wachstums stehen daher im Einklang mit einem besonders hohen Angebot tierischer Nahrung. Eine Ente frisst doppelt so viel wie ein Erpel und mehr tierische Nahrung, wenn sie Eier legt. Ihre wichtigste Nahrungsquelle sind Schnecken und Krustentiere, die ihnen Mineralien für die Bildung der Eierschale liefern.

Gründelnde Enten, wie Stockenten, suchen ihr Futter am Wasserrand in etwa 20 cm Tiefe. Sie gründeln nach schlüpfenden Eintagsfliegen-, Köcherfliegen- und Mückenlarven. Mit dem „Schwänzchen in die Höh'" durchwühlen sie Flachwasser und Schlamm nach Kaulquappen, Schnecken, Würmern und Maden.

OBEN LINKS Der Entenschnabel ist daran angepasst, Nahrung aus dem Wasser zu filtern. Feine Sensoren im Schnabel reagieren auf Vibration, um die Bewegungen lebender Tiere aufzuspüren. Die Enten drücken Wasser und Schlamm durch seitliche Lamellen (Zähnchen) aus Horn und filtern die Futterpartikel heraus.

OBEN RECHTS Bei der Futtersuche verändern Enten die Stellung von Ober- und Unterschnabel, um den Abstand zwischen den Lamellen an die vorhandene Nahrung anzupassen.

OBEN Die muskulöse Zunge wirkt wie ein Saugorgan; auch sie siebt mit empfindlichen Säumen Futter aus dem Schlamm. Zunge und Schnabel bewegen sich sehr schnell: An einem regnerischen Tag hört man sehr gut, wie sich die Enten durch den Schlamm seihen.

Futter für Hausenten: Pellets und Weizen

Hausenten suchen ihr Futter wie wilde Stockenten, doch in der Regel reichen der vorhandene Platz und das Angebot nicht aus, um ihren Hunger zu stillen. Außerdem legen sie im Unterschied zu ihren wilden Verwandten nicht ein oder zwei Gelege, sondern bis zu 200 Eier pro Jahr. Daher brauchen sie sehr nährstoffreiches Futter mit Getreide und Pellets. Im Vergleich mit einer Stockente ist dieser Speisezettel unnatürlich, dafür aber auf ihre Bedürfnisse zugeschnitten.

Pellets bestehen aus gepresstem Getreide (vor allem Weizen, aber auch Gerste und Mais), Pflanzenöl und Soja für zusätzliche Proteine. Vitamine, Mineralien und in guten Produkten auch Fischmehl (wichtig für wachsende Tiere) sind beigemischt. Alles wird gemahlen, gebunden und getrocknet, damit die Masse nicht schimmelt. Pellets sind Trockenfutter, die Vögel müssen also freien Zugang zu Wasser haben.

Hühnerfutter ist für Enten nicht geeignet, denn es verstopft die Nasenlöcher und den Schnabel. Man kann es nur füttern, wenn es mit Haferbrei vermischt wird. Machen Sie kleinere Portionen, damit es aufgefressen wird, bevor es schimmelt.

Neben den Pellets bekommen erwachsene Enten bis zu 50 % ihres Futters in Form von Weizenkörnern; sie enthalten viele Nährstoffe und bis zu 12 % Protein. Mais macht Enten und Gänse zu dick. Vor die Wahl gestellt, entscheiden sich Enten oft für Pellets, Erpel eher für Weizen.

Futter für Zucht- und Legeenten

Spezialfutter (Pellets) wird für Enten unterschiedlichen Alters angeboten. In dem Futter für Zucht- und Legeenten ist mehr Protein (16–17 %), Kalzium (2–4 %) und Phosphor enthalten als im Futter für wachsende Tiere. Die Pellets für Zuchtenten haben eine bessere Qualität und enthalten mehr Vitamine. Sehr junge Vögel werden mit krümeligem Starterfutter mit höherem Proteingehalt gefüttert, später wechselt man auf Pellets für wachsende Enten (siehe S. 106).

Legeenten bekommen Pellets, deren Kalzium- und Phosphorgehalt an die Bildung der Eierschalen angepasst ist. Bei Mineralmangel im Futter bauen die Enten Mineralien aus ihren Knochen ab oder legen Eier mit weichen Schalen. Selbst Enten mit großem Auslauf, die sich ihr Futter aus den wirbellosen Tieren zusammensuchen, sollten morgens und abends mit Pellets gefüttert werden. Erpel brauchen keine Pellets mit hohem Kalziumgehalt.

Zuchtenten sind auf dieses Futter angewiesen. Wie die wilden Stockenten, die sich im Frühling auf nährstoffreiches Futter umstellen, sollten die Zuchtenten eine besondere Ernährung bekommen, damit sich der Embryo gut entwickelt. Pellets für Zuchtenten enthalten keine Zusätze (bei Hühnerfutter sind manchmal Farbstoffe beigemischt), aber mehr Vitamine.

Die meisten Entenhalter füttern erwachsene Vögel das ganze Jahr über mit Futter für Legeenten (Pellets und Weizen), passen es aber den Jahreszeiten an. Bei kaltem Wetter bekommen die Enten mehr Weizen.

OBEN Enten brauchen Auslauf, um im Gelände nach Maden, Würmern und Schnecken zu suchen.

Es tut den Enten gut, wenn sie einen Teil ihrer Nahrung selbst suchen müssen. Auch zerkleinertes Gras, Kohl oder Sternmiere wird gern genommen. Salate mit zu hohem Nitratgehalt eignen sich weniger.

Futtermenge

Beobachten Sie, welches Futter bevorzugt wird und stellen Sie den Speiseplan zusammen. Große Enten brauchen täglich bis zu 250 g Futter, eine normal große Rasse kommt mit der Hälfte aus. Produktive Legeenten brauchen mehr Futter als die Erpel. Zwergenten haben wenig Appetit, brauchen aber bei kaltem, feuchtem oder windigem Wetter mehr Futter.

Wenn erwachsene Enten den ganzen Tag Zugang zu in Wasser eingeweichtem Weizen haben, können die Pellets sparsam gefüttert werden: Sie bekommen gerade so viel, wie sie innerhalb von 20 Minuten auffressen. Es ist nicht nötig, das teure Futter draußen zu verstreuen, vor allem nicht bei Regenwetter.

Futternäpfe für Enten und Gänse

Streuen Sie die trockenen Pellets (oder Pellet-Weizen-Mischungen) in einem schweren Napf oder altem Gusseisentopf aus. Zwergenten brauchen flache Näpfe, wie alte Pfannen. Indische Laufenten und Gänse kommen besser mit Eimern zurecht. Die Pellets dürfen nicht in Wasser aufgeweicht werden, denn feuchtes Futter schimmelt leicht. Clevere Vögel finden ihren Napf auch im Stall, wo er für wilde Vögel unzugänglich ist; er wird vor der Nachtruhe geleert. Der Wassernapf gehört nicht in den Stall: Die Enten planschen herum und durchtränken die Streu, die trocken bleiben sollte.

Enten und Gänse brauchen in Wasser eingeweichten Weizen, der draußen gefüttert wird. Setzen Sie das Getreide ruhig richtig unter Wasser, sodass die Enten gründeln müssen. An dieses Futter kommen weder Spatzen noch Tauben heran. Sowohl Enten als auch Gänse suchen sich ihr Futter gern unter Wasser; das hält Augen und Nasenlöcher sauber und frei.

Lagerung des Futters

Kommerzielle Futtermischungen haben ein Haltbarkeitsdatum, das meist unter zwei Monaten liegt. Dieses Datum steht gut sichtbar auf der Packung. Weiterhin sollten die genaue Zusammensetzung und der Futtertyp abgedruckt sein. Das Verfallsdatum ist wichtig, weil die Vitamine zerfallen. Kaufen Sie Ihr Futter in einem Geschäft mit hohem Durchsatz, wo das Futter sauber, trocken und kühl gelagert wird. Auch zu Hause darf das Futter keinesfalls schimmeln (kühl und trocken lagern). Es zahlt sich aus, das Futter hoch und in einem schädlingssicheren Behälter zu lagern. Fegen Sie verschüttete Reste weg und streuen Sie im Bedarfsfall Rattengift aus. Vorsicht! Das Gift darf nur für die Schädlinge zugänglich sein.

Keine Verdauung ohne Steinchen

- Alle Enten müssen sich mit kleinen Mahlsteinchen versorgen können, vor allem, wenn sie viel Weizen fressen. Diese unlöslichen Partikel (auf der Futterpackung auch als „Grit" bezeichnet) im Mischfutter für Geflügel zermahlen die Körner im Muskelmagen; beigefügte Kalkstein- und Muschelstückchen liefern zusätzliches Kalzium. Fragen Sie im Fachhandel nach Futtermischungen mit Steinchen. Muschelschalen allein reichen nicht aus, sie lösen sich zu schnell auf.
- Wenn Sie nicht sicher sind, ob ihre Vögel ausreichend Mineralien bekommen, kalken Sie den Boden des Geheges oder düngen Sie mit Algenextrakten, die in Gärtnereien und Gartencentern erhältlich sind.
- Legende Gänse mögen gern das Geflügel-Mischfutter mit Grit, zusätzlich sollten sie das ganze Jahr über Zugang zu grobem Bausand haben. Im Muskelmagen wird das Gras zerrieben, bis der Zellsaft austritt, aufgenommen und verdaut werden kann.

OBEN Gänse mögen Ray- und Lieschgras, solange es kurz gehalten wird. Sie schneiden die Halme mit dem scharfen Rand des Schnabels effektiv ab.

Futter für Gänse

Schwäne und Gänse sind Pflanzenfresser. Wildgänse verbringen viel Zeit damit, die Vegetation auf Salzwiesen, Gräser und Seggen abzuweiden; daneben fressen sie Wurzeln, Knollen, Beeren und Flechten. Die Art des Futters ist von der Gänseart, der Jahreszeit und den Zugrouten abhängig. Besonders beliebt sind Ray- und Lieschgras sowie Weißklee. Viele Wildgänse haben auch gelernt, die abgeernteten Felder abzuweiden. Allgemein gilt, dass die Vögel nach frischen Pflanzen mit kurzen Stängeln suchen – sie sind sehr proteinreich. Während der Bildung der Eier brauchen Gänse viel Eiweiß. Bei brütenden Hausgänsen steigt der Anteil im Futter auf etwa 18 % an.

Auch während der Brutzeit ernähren sich Wildgänse vorwiegend von pflanzlicher Nahrung und fressen nur selten Krustentiere und Insekten. Die Mineralien für die Bildung der Eierschale stammen aus dem Abbau von Knochenmaterial, das dort vor dem Flug in die Brutgebiete abgelagert wurde. Wenn die Gänse ihre Brutgebiete erreichen, mobilisieren sie das notwendige Kalzium vorwiegend aus den Markknochen. Auch die vorher angelegten Fettreserven werden während der Brut- und Nestzeit weitgehend abgebaut.

Anders als Enten legen Hausgänse selten Wert auf zusätzliche, nährstoffreiche Pellets – auch nicht während der Brut – es sei denn, sie sind bereits an dieses Futter gewöhnt. Hausgänse legen weniger Eier als Enten. Eine Gans, die ihre natürlichen Instinkte ausleben darf, legt im Frühling etwa 12 Eier und beginnt zu brüten. Die zusätzlichen Nährstoffe mobilisieren sie durch intensives Grasen. Wie die Enten sind auch Gänse auf groben Sand und Geflügelfutter mit Steinchen angewiesen. Ohne diese „Mahlwerkzeuge" könnten Gänse ihre Pflanzennahrung im Muskelmagen nicht zerreiben und die Säfte im Darm aufnehmen. Wenn sie daran gewöhnt sind, fressen Gänse auch gern Kartoffeln oder Möhren.

Manche Gänse legen bis zu 40 Eier, ohne dass sich ihr Bruttrieb regt, kommerzielle Rassen wurden sogar auf höhere Legeleistung hin gezüchtet. Mit zusätzlichen Futtergaben

OBEN LINKS Neben Gras brauchen Gänse kaum Zusatzfutter. Gewöhnlich reichen Weizenkörner aus, nur Zuchtgänse bekommen während der Brutzeit spezielle Pellets, die mit Weizen gemischt werden. Füllen Sie die Mischung trocken in einen schweren Napf.

OBEN Gänseschnäbel sind breiter und kürzer als Entenschnäbel. Mit den gesägten Kanten rupfen sie Blätter, Triebe und Wurzeln aus oder schneiden sie ab. Die Lammellen fungieren als Messer, nicht als Sieb, wie bei den Enten. Nach hinten gerichtete Spitzen auf der Zunge halten das Futter fest und befördern es in den Schlund. Gänse haben keine auf Bewegungen reagierenden Sensoren wie die Enten.

von Pellets für Zuchtenten/-gänse, die reichlich Proteine enthalten, nimmt die Legeleistung zu. Füttern Sie zusätzlich ganze Weizenkörner in einem Eimer, der mit Wasser gefüllt ist.

Futtermenge

Gänse, die zu viel fressen, lagern Fettreserven ein. Bei zu intensiver Fütterung wird sogar die Leber geschädigt, und die Gänse legen weniger Eier. Gänse, die vorwiegend Gras fressen, sind gesünder und leben länger. Wiegen Sie die Tiere regelmäßig, um zu prüfen, ob sie zu dick oder zu dünn sind (dann brauchen sie mehr Futter oder eine Wurmkur). Die Muskeln beiderseits des Brustbeins sollten gut ausgeprägt und das Brustbein nicht scharf fühlbar sein.

Wachsende Gänse, die kein Gras fressen, brauchen täglich 450 g Futter; ausgewachsene Vögel kommen mit 225 g aus. Steht den Gänsen gutes Gras zur Verfügung, sind es nur 120 g Zusatzfutter pro Tag. Entscheidend ist die Qualität des Grases: Gänse brauchen kurzes Gras mit frischen Blättern. Es ist im Frühling und Frühsommer besonders nährstoffreich; im Winter muss zugefüttert werden.

Die Weidefläche einer Gänseherde muss gepflegt werden, denn die Tiere fressen ganz schön viel. Wässern Sie die Wiese bei Trockenheit. Ideal ist eine große Grasfläche, die in zwei oder drei Abteilungen unterteilt ist, damit man die Gänse auf das andere Stück treiben kann, sobald eins abgefressen ist. So kann das Gras nachwachsen und die Weide verdreckt nicht so stark. Gänse, die nachts im Stall bleiben, hinterlassen weniger Kot auf dem Gras. Der Stall wird regelmäßig ausgemistet und der Mist kompostiert. Da Gänse weder Ampfer, Disteln noch Wegerich mögen, muss die Gänseweide regelmäßig gemäht und von Unkraut befreit werden. Leider unterscheiden Gänse nicht zwischen Ihren Gartenpflanzen und Gras: Schützen Sie Beete und Rabatten, denn Jungpflanzen sind begehrt. Gänse dürfen nicht an giftige Pflanzen, wie Fingerhut, Nachtschatten, Jakobs-Kreuzkraut oder Goldregen, herankommen; von Osterglocken und Lorbeer halten sie sich selbst fern.

Futteranbieter

Suchen Sie im Internet und in den Gelben Seiten nach Anbietern von Geflügelfutter (bei größeren Herden auch nach Anbietern von landwirtschaftlichen Futtermitteln) oder fragen Sie im Zoofachhandel nach. Nicht jedes Futter ist gleich gut geeignet. Enten vertragen beispielsweise einen Zusatzstoff gegen Kokzidiose nicht, der dem Hühnerfutter beigemischt wird; Jungenten können sogar daran sterben.

Auswahl der passenden Rasse

Reinrassig oder Hybridzüchtungen?

- Weltweit wurden Enten und Gänse seit Jahrhunderten auf Bauernhöfen gehalten. Dabei entstanden regionale Typen, die sich im Temperament unterschieden. Einige dieser Typen wurden als reine Rassen weitergezüchtet (mit Farbschlägen). Manche sind sehr selten und überleben nur, weil hingebungsvolle Züchter die Rasse erhalten haben.
- Reinrassige Vögel sind teurer in Kauf und Haltung als kommerzielle Kreuzungen (Hybriden). Reinrassige Vögel werden nur in kleiner Zahl und in natürlicher Umgebung von Kleinbauern oder in großen Gärten gehalten. Sie brauchen viel Platz und mehr Futter, leben aber lange. Anders als die Hybriden, die von einem gemischten Genpool profitieren, besteht bei reinen Rassen die Gefahr der Inzucht. Um die Rassemerkmale zu bewahren, verwenden Züchter viel Zeit und Mühe darauf, genau ausgesuchte Partner für die Paarung zu finden (manchmal sogar aus dem Ausland).
- Obwohl die reinen Rassen teurer und nicht so gute Futterverwerter sind, ziehen viele Hobbyhalter sie vor: In kleinen Gruppen und bei Haustieren fallen die Futterkosten nicht so sehr ins Gewicht. Reinrassige Tiere sind häufig bunter, auffälliger und ihr Nachwuchs bringt beim Verkauf sogar noch etwas Geld. Es sind Familientiere, daher lohnt sich die Mühe, eine sorgfältige Auswahl zu treffen, welche Rasse von ihrem Charakter und vom Platzbedarf am besten zu Ihnen passt. Auf den Seiten 50–65 werden die einzelnen Gänse-, auf den Seiten 68–89 die einzelnen Entenrassen im Detail vorgestellt.

Reinrassige Enten

Große Entenrassen, wie die Aylesbury- und Rouen-Enten waren ursprünglich Fleisch- bzw. Tafelgeflügel. Heute sieht man sie fast nur noch auf Geflügelschauen, weil sie viel langsamer wachsen als moderne Hybrid-Züchtungen. Handaufgezogene Tiere sind sehr zahm. Sie sind leicht zu halten, fressen aber jede Menge Futter und brauchen auch einen Teich.

Später im 20. Jh. wurden weitere, aber nicht ganz so wuchtige, schwere Rassen gezüchtet, die besser legen. Dazu gehören farbige Rassen, wie die Appleyard- und Sachsen-Ente. Sie sind beweglicher als die Rouen-Ente und legen mehr Eier, außerdem geben sie gute Fleischenten ab (insbesondere die Appleyard).

LINKS Zwerg-Appleyard-Enten sehen sehr attraktiv aus und sind sehr gute Brutenten.

GANZ LINKS Ein Paar beiger Indischer Laufenten; sie sind anders gefärbt als die khakifarbenen Campbell-Enten.

UNTEN Weiße Warzenente.

Leichtere Rassen, wie die Indischen Laufenten, sind die besten Legeenten, bewegen sich aber sehr schnell. Eine Campbell-Ente bringt es auf über 300 Eier pro Jahr. Die etwas größeren „Ausstellungs-Campbells" legen nicht ganz so gut. Das gilt auch für die Welsh-Harlekin-Ente und die Streicherente, die über 200 Eier pro Jahr legen, im Extrem sogar 280. Die Zahlen gelten für junge, gesunde Vögel, die nicht unter Inzucht leiden. Die Campbell-Enten für die kommerzielle Nutzung stammen aus einer gesunden Gruppe mit großem Genpool, in den gelegentlich eine rehbraune Indische Laufente eingekreuzt wird.

Die Legeleistung der beliebten Laufenten ist sehr unterschiedlich. Der forellenfarbige Farbschlag der Indischen Laufente legt nicht so gut wie der weiße oder blaue Farbschlag. Letztlich zählen die Erbanlagen: Aus der Kreuzung zweier sorgfältig ausgewählter, nicht verwandter Farbschläge kann eine Laufente resultieren, die hervorragend legt. Nachkommen aus Inzuchten legen merklich schlechter. Laufenten kommen mit weniger Wasser aus als andere Entenrassen. Sie sind sehr aktiv und gehen gern auf die Weide, nutzen allerdings auch ein vorhandenes Gewässer. Laufenten werden nur zahm, wenn sie schon als Küken an den Umgang mit Menschen gewöhnt wurden.

Wer sich Enten als Haustiere halten möchte, ist mit den sehr großen oder sehr kleinen Rassen bestens bedient. Echte Zwergenten und die Zwergformen der anerkannten Rassen fühlen sich auch in kleinen Gärten wohl. Da Zwergenten als „kleine Vögel mit lauter Stimme" gelten, sollten Sie vor dem Kauf mit Ihren Nachbarn reden. Die Zwergformen sind meist leiser. Außerdem brüten sie gern und legen mehr Eier. Die Tiere beider Gruppen können gut fliegen, ihre Flügel müssen gestutzt werden. Zwergformen der Appleyard- und Smaragdenten sehen sehr hübsch aus; sie werden regelmäßig von den Züchtern angeboten und auf Bestellung geliefert.

Die Warzenenten sind eine ganz besondere Züchtung. Sie sind sehr groß und kräftig, vor allem die Erpel, und können gut fliegen. Die kleineren Weibchen brüten gut und verhalten sich ruhig; nur die Erpel machen sich gelegentlich mit einem Zischen bemerkbar. Große Erpel sollten nicht mit anderen (kleineren) Rassen gehalten werden. Sie sind viel zu schwer für eine Paarung, doch das hält sie nicht ab. Halten Sie männliche Warzenenten getrennt von anderen Rassen – eine Alternative wäre eine rein weibliche Gruppe.

Reinrassige Gänse

Während man Enten vor neugierigen Kindern schützen muss, wissen sich Gänse sehr gut zu wehren. Gänse haben einen ausgeprägten Familiensinn und reagieren auf jede Bedrohung. Kleine Kinder sind aktiv und machen die Gänse bereits durch ihre Körpersprache nervös. Außerdem fühlen sich die Gänse überlegen, weil sie die geringe Körpergröße der Kinder richtig einschätzen. Da schon sehr kleine Kinder neugierig auf alle möglichen Tiere zugehen, sollten Sie einen freien Kontakt erst zulassen, wenn die Kinder mindestens sieben Jahre alt sind.

Die Aufzucht von Gänseküken macht richtig Spaß. Da die Jungtiere sehr empfindlich sind, dürfen sich Kinder nur unter Aufsicht mit ihnen beschäftigen. Durch den frühen Kontakt mit den Menschen werden Gänse sehr zahm und folgen „ihrem" Menschen. Die meisten mit der Hand aufgezogenen Gänse bleiben lebenslang zahm, nur Ganter ändern gelegentlich ihren Charakter. Das kommt besonders häufig bei weißen Landgänsen vor, die sich gern zu „Hofgänsen mit Macken" entwickeln. Dagegen bleiben Afrikanische Höckergänse, Steinbacher Kampf-, Pilgrim- und einige Typen der Brecon Buff Gänse friedlicher.

Die Küken der weißen Landgänse bieten die Züchter nur zwischen Februar und Mai an. Sie kosten viermal so viel wie farbige Landgänse und ihr Preis steigt rasch an, wenn sie größer werden.

Die reinrassigen Küken schlüpfen im Frühling, werden von den Züchtern aber ungern früh abgegeben. Sie heben die Stimmung der Gänsemütter, weiden fröhlich das Frühlings- und Sommergras ab, integrieren sich in die Herde. Erst ab August werden sie verkauft. Immerhin kann nun die Qualität der Vögel besser bewertet werden. Bestellen Sie, wenn möglich, reinrassige Gänse beim Züchter vor; vielleicht dauert es ein Jahr, bis Sie qualitativ hochwertige Tiere bekommen.

Die Legeperiode der Gänse ist kürzer als bei den Enten und sie legen weniger Eier. Außerdem lassen sich Gänseeier nur schwer ausbrüten. Leichte Rassen, wie die Höcker- und Italienischen Gänse legen bis zu 60 Eier pro Jahr; bei anderen Rassen liegt die Zahl eher bei 30. Bis auf die weißen Landgänse werden die meisten Rassen nur von Hobbyzüchtern gehalten, die ihre Vögel ausstellen oder als Haustiere halten.

LINKS Brecon Buff Gänse für eine Ausstellung sind sehr selten.

Geflügelschauen

Wenn Sie sich für reinrassige Tiere entschieden haben, sollten Sie sich auf einer Geflügelausstellung umsehen. Dort werden manchmal auch Tiere verkauft. Ausstellungen werden in den Lokalzeitungen oder im Internet (siehe S. 126) angekündigt.

Die meisten großen Geflügelschauen finden im Herbst und Winter statt, wenn das Gefieder bei allen Tieren voll ausgeprägt ist. Dann können die Juroren – meist selbst Züchter – die Qualität optimal bewerten. Für jede Rasse gelten eigene Standards. Die als Rassestandard anerkannten Merkmale in England, Australien und den USA unterscheiden sich etwas von den deutschen Rassemerkmalen, doch für einige alte Rassen gelten weltweit dieselben Merkmale. Die auf einer Ausstellung gezeigten Tiere müssen in ihrer Färbung diesen Rassemerkmalen entsprechen. Anfänger haben Gelegenheit, sich mit den einzelnen Rassen vertraut zu machen. Die präsentierten Tiere müssen sauber und gesund sein. Ein Ring um den Fuß kennzeichnet die einzelnen Tiere. Die Ringe werden den Jungtieren angelegt und bleiben lebenslang am Bein.

Auf einer Geflügelschau können Sie Züchter ansprechen (und ausfragen), bekommen Informationen über die Merkmale einer Rasse und könnten sogar einem Verein beitreten.

Seltene Rassen

- Reine Rassen entstanden über einen relativ langen Zeitraum. Sie sind immer noch wichtige Kreuzungspartner für die kommerziellen Züchter, weil sie Krankheitsresistenzen in sich tragen.
- Jedes Land legt eine Liste der anerkannten Rassen fest, die bei der Farm Animal Genetic Resources der FAO (United Nations Food and Agriculture Organisation) registriert werden. Seltene Rassen, wie die Aylesbury-Ente oder die Pilgrimgans werden in Europa und den USA besonders geschützt (in den Kästen zu den einzelnen Rassen stehen genauere Angaben; ab S. 52). Einige dieser Rassen verdanken ihr Überleben nur dem Engagement von Hobbyzüchtern.
- Der Schutz dieser Rassen ist wichtig: Zur Zucht von pflegeleichtem Wassergeflügel könnte man auf Rassen angewiesen sein, die wenig Futter brauchen.

UNTEN LINKS Der Sieger in der Kategorie „beige-weiß-gescheckte Indische Laufenten" einer Geflügelschau. An großen Schauen nehmen zwischen 400 und 1 000 Enten und Gänse teil, davon bis zu 120 Indische Laufenten.

UNTEN RECHTS Große Emdener Ganter bei einer europäischen Wassergeflügelschau in Holland, 2002.

Gänse

Gänse sind sehr intelligente Tiere, die nie in großer Zahl kommerziell genutzt wurden wie Hühner und Enten. Sie verhalten sich anders als die meisten Tiere auf einem Bauernhof, weil sie eine starke Bindung zu den Menschen entwickeln, die sie aufziehen. Gänse erinnern sich sehr gut an Artgenossen, Menschen, aber auch an Situationen und Orte. Bei guter Behandlung bleiben sie daher bis an ihr Lebensende handzahm. Es sind neugierige und aufmerksame „Familienmitglieder“, die den Garten sauber halten. Darwin lag falsch, als er meinte: „Niemand macht Gänse zu Haustieren.“ Konrad Lorenz sah das anders: „… das Familienleben von Gänsen hat in mancher Hinsicht Ähnlichkeit mit dem Leben einer menschlichen Familie.“

Hausgänse halten

Gänse wurden schon vor Tausenden von Jahren in vielen Regionen der Welt domestiziert. Römer und Kelten sahen in ihnen mehr als Nutztiere: Sie waren echte Haustiere, galten vielleicht sogar als heilig. Gänse sind wachsame, intelligente und soziale Vögel, die leider immer noch von vielen unterschätzt und verkannt werden.

Produktivität

Gänse sind nicht so produktiv wie Hühner und Enten, aber sehr anpassungsfähig, wenn sie draußen leben dürfen. Die meisten Rassen legen ab Mitte Februar bis Anfang Juni etwa 30 Eier pro Jahr. Höckergänse und kommerzielle Züchtungen bringen es auf bis zu 80 Eier pro Jahr. Die Eier werden an aufeinanderfolgenden Tagen gelegt, meist in zwei Gelegen. Eine Gans kommt in Brutstimmung, wenn im ersten Gelege 12–18 Eier liegen.

Gänseküken schlüpfen nach 30 Tagen aus; 32 Tage sind aber durchaus normal. Während die Gans auf den Eiern sitzt, muss sie sorgfältig beobachtet werden. Nun zahlt es sich aus, wenn die Tiere handzahm sind. Tatsächlich sollten nur zahme Gänse Eier ausbrüten. Sind die Eltern nicht zahm, müssen die Küken von Hand aufgezogen werden, damit sie eine frühe Bindung zum Menschen entwickeln und zahm werden.

Durch die Domestikation hat das Gewicht der Gänse stark zugenommen. Lassen Sie nur die kleinen Rassen brüten. Große Rassen zerdrücken die Eier im Gelege. Die Eier großer Rassen müssen daher im Brutschrank ausgebrütet werden (siehe S. 98).

Gänse brauchen länger, bis sie ausgewachsen sind und brüten können, sie wachsen sehr langsam und sind erst mit zwei Jahren ausgewachsen. Aus diesem Grund sind Zucht, Haltung und der Kauf von Tafel- und Legevögeln relativ teuer. Andererseits kann man sie in kleinen Gruppen halten und sie ernähren sich vorwiegend von Gras. Daher sind sie günstig im Unterhalt.

Zusammenleben

Viele Gänse werden wegen ihres ausgeprägten Verhaltens und ihrer Persönlichkeit als Haustiere gehalten. Sie sind intelligent, leben in sozialen Gruppen und reagieren auf Körpersprache. Gänse stehen untereinander in komplizierten Wechselbeziehungen, die sie über Stimme und Körpersprache festigen. Sie erkennen sich und ihre Menschen wieder, selbst wenn sie an einen anderen Ort gebracht werden. Außerdem haben Gänse ein gutes Gedächtnis. Wenn sie bereits als Küken Kontakt mit Menschen hatten, bleiben sie für den Rest ihres Lebens zahm.

Wer seinen Kopf in die Nähe einer Gans oder eines Ganters bewegt, drückt damit Vertrauen und Freundschaft aus. Die Mitglieder einer Familie oder eines Schwarms beweisen sich damit ihre Zugehörigkeit; auch ein zukünftiger Gänsehalter sollte diesen

LINKS Unterschiedliche Rassen kommen gut miteinander aus, doch die Nachkommen werden Mischlinge sein.

Trick kennen: Nähern Sie sich ruhig und lassen Sie den Vogel in Ihre Nähe kommen. Strecken Sie Ihre Hand nur zum Streicheln aus, wenn Sie das Tier genau kennen. Es könnte die ausgestreckte Hand als Zeichen der Aggression bewerten. Außerdem lassen sich Gänse nicht so gern streicheln wie Hunde oder Katzen. Viel lieber übernehmen sie das „Streicheln" auf ihre Weise: Gänse knabbern an Schnürsenkeln, Hosenbeinen, Jacken, Schmuck und Bärten herum.

In der Balzzeit bekommen die Ganter Frühlingsgefühle, vor allem, wenn sie mit einer legenden oder brütenden Gans zusammenleben, die sie auch verteidigen. Wenn sie drohen oder sogar angreifen, dürfen Sie auf keinen Fall mit Aggression reagieren. Ganter vertragen kein Macho-Gehabe, das macht sie nur noch wütender. Halten Sie sich zurück und reagieren Sie im Sinne der Gänse-Psychologie. Zeigen Sie „elterliche" Zuwendung, das besänftigt ihn. Dazu nehmen Sie den aggressiven Ganter vorsichtig aber fest in den Arm und „kuscheln" Sie einige Minuten mit ihm, wie es Gänse mit ihren Küken tun. Wenn Sie ihn wieder auf den Boden setzen, hat sich der Ganter fast immer beruhigt. Sie müssen allerdings geübt darin sein, eine Gans hochzunehmen und festzuhalten – üben Sie mit sehr zahmen Gänsen. Sollte der Versuch scheitern, sollten Sie sich zurückziehen und den Ganter nicht weiter reizen. Besonders heftig fallen die Reaktionen unreifer Männchen aus.

Noch ein Wort zu den Gänseküken: Sie mögen es nicht, wenn sie allein gelassen werden und sind auf die Gesellschaft ihrer Eltern, der Geschwister oder anderer Lebewesen angewiesen. Einsamkeit ist für sie unerträglich. Ziehen Sie daher nie ein einzelnes Küken auf. Es wird auf Sie geprägt und fühlt sich verlassen, wenn seine Pflegeeltern arbeiten gehen.

Temperament und Verhalten

- Fast alle in diesem Kapitel behandelten Rassen gehören zur selben Gattung; sie unterscheiden sich vor allem in der Farbe des Gefieders und der Größe. Die unterschiedlichen Temperamente werden dagegen durch die jeweilige elterliche Abstammung bestimmt. Fast ebenso wichtig ist der Kontakt mit Menschen während der ersten Tage; die Rassemerkmale spielen nur eine untergeordnete Rolle. Vögel von einem Züchter, der Tausende von Tieren aufzieht, benehmen sich anders als Vögel aus einer Kleingruppe mit sechs oder zehn Tieren – gleichgültig, welcher Rasse sie angehören.
- Daher kommt es darauf an, die Enten und Gänse von einem anerkannten Züchter zu kaufen (auf S. 32 stehen einige Tipps, wie man sie findet). Schauen Sie sich vor dem Kauf an, wie sich die Tiere verhalten. Bevor Sie eine Entscheidung treffen, lesen Sie das Kapitel „Es geht los" nochmals gründlich durch.
- Manche Rassen haben Eigenschaften, die für unerfahrene Halter problematisch sind.

Diese „Einzelkinder" leiden oft an starken Verhaltensstörungen und haben Schwierigkeiten, mit Artgenossen zusammenzuleben. Halten Sie mindestens zwei, besser mehrere Tiere.

Es klingt logisch, einfach der Natur ihren Lauf zu lassen, aber brütenden Gänsen, Enten und ihren Küken drohen viele Gefahren. Ideal sind verlässliche Glucken. Unmittelbar nach dem Schlüpfen kommen die Küken für einige Tage in menschliche Obhut: Richten Sie den Küken eine warme Kiste ein, die durch Wärmelampen temperiert wird (in einer großen Küche sollte Platz dafür sein). Dabei gewöhnen sich die Tiere an die Menschen, die sie anfassen, herumlaufen und mit ihnen reden. Werden die Küken auf diese Weise aufgezogen, fallen auch medizinische oder Entwicklungsprobleme ins Auge. Küken, die ihre ersten Tage draußen zwischen den erwachsenen Tieren verbringen, könnten zertrampelt werden oder hungrigen Krähen und Elstern zum Opfer fallen. Vor allem jedoch werden die Küken in der Handaufzucht zahm und entwickeln sich zu umgänglichen Erwachsenen, die wiederum souverän Junge aufziehen können.

RECHTS Ein Paar Ungarischer Lockengänse mit den typischen gelockten Federn.

Asiatische Rassen

Höckergans und Afrikanische Höckergans

Merkmale	
Gänserasse	Afrikanische Höckergans
Klasse	Schwer
Gewicht (Ganter)	10–12,7 kg
Gewicht (Gans)	8,2–10,9 kg
Farbschlag	Graubraun
Wilder Vorfahr	Schwanengans
Herkunft	China
Gefährdungsgrad	Bestandbeobachtung
Eier	bis 30

Merkmale	
Gänserasse	Höckergans
Klasse	Leicht
Gewicht (Ganter)	4,5–5,4 kg
Gewicht (Gans)	3,6–4,5 kg
Farbschlag	Graubraun und Weiß
Wilder Vorfahr	Schwanengans
Herkunft	China
Gefährdungsgrad	Bestandbeobachtung (USA)
Eier	bis 30

OBEN Ein Paar Afrikanischer Höckergänse, perfekt für eine Ausstellung gezüchtet.

Beide Rassen stammen von der Schwanengans ab (*Anser cygnoides*; siehe S. 9), deren Brutgebiete im Osten Russlands, der Mongolei und in China liegen. Alle übrigen Rassen der Welt gehen auf die europäische Graugans (*Anser anser*) zurück. Die beiden Wildarten sind wahrscheinlich eng miteinander verwandt; vermutlich hatten sie vor 360 000–400 000 Jahren gemeinsame Vorfahren. Während sie sich in natürlicher Umgebung kaum miteinander paaren, sind Kreuzungen in Gefangenschaften möglich. Die Hybriden aus solchen Paarungen lieferten die Grundlagen für viele russische Landgänse.

Die wilde Schwanengans ist ähnlich gefärbt wie die domestizierten Formen, hat aber eine flachere, weniger aufrechte Körperform. Der Schnabel ist im Verhältnis zum Kopf länger und ihr fehlt der fleischige Höcker vor dem Scheitel.

Im Fernen Osten wurden Dutzende von lokalen Rassen aus der Schwanengans gezüchtet; in Europa und Amerika nur zwei: Die Höckergans ist kleiner, schlank und elegant, die Afrikanische Höckergans – sie stammt keineswegs aus Afrika – ist eine größere Form der Höckergans. Sie hat einen massigen Körperbau und eine weiche Kehlwamme unter dem Kinn. Der Nacken ist bei beiden Rassen samtweich und sie tragen am Ansatz des Schnabels einen Höcker, der bei Gantern ausgeprägter ist. Die Ganter sind schwerer und leiser als die Gänse. Letztere machen relativ viel Lärm; die Rufe klingen wie „oink". Denken Sie vor dem Kauf an Ihre Nachbarn. Angeblich halten einige Whiskey-Brennereien Höckergänse als „Wächter" gegen Eindringlinge.

Beide Rassen sind sehr zutraulich und eignen sich bestens als Haustiere. Sie grasen sehr effektiv, reißen sogar Wurzeln aus, gehen mit Jungpflanzen aber etwas schonender um als andere Rassen. Beide Rassen brüten. Schützen Sie die Rinde wertvoller, dünner Bäume, wenn die Gänse frei im Garten herumlaufen dürfen. Zum Glück fliegen sie nicht gern. Möglicherweise können sie gar nicht mehr fliegen, wie die Proportionen von Körper und Flügel erahnen lassen (ähnlich wie

OBEN Junge Höckergänse sind aktive, lebhafte Vögel. Die Ganter (die beiden vorn) sind größer als die Gänse und haben einen größeren Höcker.

bei den Indischen Laufenten). Mit dem kleinen, gedrungenen Körper geben Höckergänse sehr gute Tafelgänse ab. Junge Weibchen legen sehr gut. Während es die meisten reinrassigen Tiere auf 30–40 Eier pro Brutsaison bringen, schaffen die etwas größeren und plumperen Formen aus der kommerziellen Züchtung bis zu 80 Eier im Jahr – bis in den Herbst hinein. Ihre Eier lassen sich leichter ausbrüten als die der Afrikanischen Höckergans (über 210 g schwer).

Beide Rassen treten auch als weiße (die Afrikanische selten) und blaue Farbschläge auf; die Afrikanischen Höckergänse außerdem in einer beigen Form.

Der häufigste Farbschlag „graubraun" ähnelt der Färbung des wilden Vorfahren. Bei beiden Rassen zieht sich ein dunkler Aalstrich vom oberen Drittel des Kopfes über den Nacken bis zu den Schultern. Der Hals ist vorn hellbraun bis cremeweiß, Brust und Bauch sind hellbeige und blassen nach hinten zu Weiß aus. Flügel- und Schulterfedern sind bei beiden Rassen dunkel graubraun mit einem helleren, fast weißen Saum. Schnabel, Höcker und Augenringe sind schwarz. Kreuzungen mit weißen oder beigen Tieren führen zu einem leichten Orangeton.

Afrikanische Höckergänse legen weniger Eier, bis zu 30 Stück (abhängig von der Linie). Zwischen den „Tafel-Afrikanern" und den Tieren, die speziell für Ausstellungen gezüchtet werden, bestehen große Unterschiede. Die Nutztierlinien sind leichter und gingen meist aus der Kreuzung mit Höckergänsen hervor.

UNTEN Weiße Höckergänse sehen auf dem Wasser sehr elegant aus. Sie werden in den USA erstmals 1788 und in Großbritannien 1848 erwähnt: „...makelloses, reines Weiß, das mehr an einen Schwan erinnert als die graubraune Wildform, der Schnabel ist orange mit einem großen orangefarbenen Höcker an der Basis."

Weiße Gänse

Wer sich mit Enten und Gänsen nicht auskennt, dürfte jede weiße Ente für eine Aylesbury-Ente und jede weiße Gans für eine Emdener Gans halten.

Weiße Gänse haben in großen Teilen Europas eine lange Tradition auf Bauernhöfen. Sie sind hübsch wie Schwäne, haben aber auch praktische Vorteile. Weiße Vögel mit heller Haut sehen als Braten gut aus und die Gänsehirten vergangener Zeiten fanden weiße Vögel viel leichter wieder als ihre gut getarnten, wilden Verwandten. Weiße Gänse wurden überall zwischen Nordsee und Schwarzem Meer gezüchtet: Die größten Rassen an Deutschlands Küste zwischen Emden und Bremen, kleinere Rassen in Italien und Böhmen, krause Rassen im Donaubecken und an den Küsten des Schwarzen Meeres. Weiße Gänse haben es sogar in die Geschichtsbücher geschafft: Sie warnten im 4. Jh. v. Chr. die Römer vor den anrückenden Galliern.

Man muss fairerweise zugeben, dass die genetischen Mutationen, die zu den weißen Graugänsen führten, inzwischen fester Bestandteil der „industriellen" Züchtung in Europa geworden sind. Die weißen „Rassen" dürften tatsächlich verschiedene lokale Zuchtlinien sein, die in ganz Europa gehandelt werden. Manche davon sind inzwischen in den Status einer echten Rasse mit den entsprechenden Rassemerkmalen aufgestiegen. Ob nun die Italienische Gans wirklich aus Italien stammt, oder ob der Name nur gut klingt, bleibt der Fantasie jedes Einzelnen überlassen. Da die kleine Tschechische Gans immer beliebter wird, dürften vermutlich bald die ersten Kreuzungen auftauchen.

Alle weißen Gänse haben blaue Augen und orangefarbene Schnäbel. Auch die Läufe und Füße können orange sein, obwohl häufig ein Hauch Rosa auftritt, das noch aus einer Zuchtlinie der Graugänse stammen könnte. Bei den östlichen Varietäten sind Schnäbel und Beine stärker rosa gefärbt als bei ihren westlichen Verwandten.

Das weiße Gefieder ist nicht ganz selbstverständlich. Bei den weißen Enten sind die Küken gelb gefärbt. Sie haben ein „Farblos-Gen", das die Pigmentierung verhindert. Bei den asiatischen Gänsen ist die Situation ähnlich, bei den europäischen aus mehreren Gründen ganz anders: Die Farbe kann verschwinden, weil die Pigmentgene mutiert sind; manchmal entstehen durch Punktmutationen auch lokal dunklere Federn im Flaum der Küken. Weibchen sind meist dunkler als Männchen und selbst bei jungen, erwachsenen Weibchen kann noch ein leichter Grauschimmer (vor allem auf dem Bürzel) auftreten. Er verschwindet nach der nächsten Mauser – geduldig abwarten.

Züchter verkaufen stabile „reine" Rassen. Weiße Toulouser- und Pommerngänse sind seltene Farbvarianten der häufigeren, grauen Wildfarbe. Die Körperform gleicht jener der farbigeren Rassen. Die vier folgenden Rassen tauchen besonders häufig in Geflügelschauen auf.

Merkmale	
Klasse	Schwer
Gewicht (Ganter)	12,7–15,4 kg
Gewicht (Gans)	10,9–12,7 kg
Farbschlag	Weiß
Wilder Vorfahr	Graugans
Herkunft	Norddeutschland
Gefährdungsgrad	gefährdet (D)
Eier	bis 30

Emdener Gans

In den ersten Britischen Rassestandards von 1865 tauchen nur zwei Gänserassen auf, die Toulouser- und die Emdener Gans. Die Emdener Gans stammt von den Nordseeküsten Deutschlands. Dort wird sie bereits in Beschreibungen aus dem 13. Jh. erwähnt.

Es waren große Vögel, viel größer als die damals auf englischen oder amerikanischen Bauernhöfen üblichen Gänse. Harrison Weir (1902) beschreibt sie als „um die 15 kg schwer"; er kannte sie seit 40 Jahren als Braunschweiger Gänse. Edward Brown schreibt 1929, dass diese Rasse aus den Gegenden von Hannover, Westfalen und Oldenburg stamme. Dann fügt er hinzu, dass die „heutige Emdener Gans eine Kreuzung zwischen weißen deutschen und englischen sei." In England auf Ausstellungen gezeigte Emdener Gänse sind kräftiger und gedrungener gebaut als die eher an Schwäne erinnernden deutschen Emdener. In Amerika ging die Zucht zu noch leichteren und aufrechteren Emdener Gänsen.

Reinrassige Emdener Gänse legen früh, manchmal schon Mitte Februar. Sie legen um die 30 Eier mit einem Gewicht von 170 g und mehr. Die Vögel sind allerdings zu schwer, um sie selbst auszubrüten, es sei denn, sie bekommen ein sehr großes und tiefes Nest. Einige Zuchtlinien sind sehr zahm, wenn sie mit der Hand aufgezogen werden. Da es auch weiße Zuchtlinien für den kommerziellen Gebrauch gibt, besteht Verwechslungsgefahr. Das Gefieder der Emdener Gänse ist viel dichter als bei der Toulouser Gans. Sie haben eine aufrechte Körperhaltung und eine glatte Brust sowie keine Anzeichen eines gekielten Schnabelfirstes oder einer Kehlwamme. Schnabel und Läufe sind leuchtend orange. Das Geschlecht der Küken lässt sich oft anhand der Färbung bestimmen: Weibchen sind dunkler grau als die Männchen; der Unterschied bleibt zwei bis drei Wochen bestehen.

Die kommerziellen Züchtungen in Großbritannien sind oft Kreuzungen der Emdener mit der Toulouser-Gans. Dabei entstehen manchmal reinrassige weiße Formen, die dann auf Auktionen als Emdener Gänse auftauchen. Eine genaue Rassenbestimmung ist nur möglich, wenn ein renommierter Züchter die Herkunft seiner Vögel nachweisen kann.

Italienische Gans

Merkmale	
Klasse	Leicht
Gewicht (Ganter)	5,4–6,3 kg
Gewicht (Gans)	4,5–5,4 kg
Farbschlag	Weiß
Wilder Vorfahr	Graugans
Herkunft	Süd- und Mitteleuropa
Gefährdungsgrad	kritisch (USA)
Eier	40–60

Italien ist nicht gerade ein Mekka der Gänsezucht. Dank des isolierenden Gefieders ziehen die Gänse in den warmen Monaten Richtung Norden. In Mittel- und Süditalien brüten daher keine Gänse. Besser geeignet sind die kühleren Regionen, wie die Lombardei, das Piemont und Venedig. Edward Brown unterscheidet zwei Zuchtlinien dieser Rasse: die Padua- und die Römische Gans. Er schreibt: „In Süddeutschland, Österreich, Ungarn und den Balkanstaaten werden weiße Gänse gehalten, die Merkmale der Emdener Gans aufweisen, aber deutlich kleiner sind; sie gleichen der weißen Römischen Gans."
Tatsächlich ist es sehr schwierig, die genaue Abstammung von weißen Gänsen nachzuprüfen. Daher zahlen Kunden nicht so gern hohe Preise. Eine Toulouser- oder Afrikanische Höckergans bringt (mindestens) doppelt so viel ein wie eine Italienische oder Emdener Gans.

Italienische Gänse sind hübsche, kleine Vögel. Zusammen mit den noch kleineren Tschechischen Gänsen erinnern sie fast an Zwerggänse. Sie sind gedrungen, leicht zu halten und bestens für Hobbyzüchter geeignet, denen nicht so viel Platz zur Verfügung steht. Einige Linien sind sehr ruhig, andere eher aggressiv – beides dürfte eher an der Aufzucht als am genetischen Potenzial liegen. Der Hormonspiegel spielt zwar eine Rolle, doch entscheidend ist der Mensch. Zahme Gänse stammen fast immer von erfahrenen Züchtern.

Sowohl die Tschechische als auch die Italienische Gans können dank des geringeren Körpergewichtes und der großen Flügelspannweite eingeschränkt fliegen. Bei einem Umzug oder wenn das Gehege auf einem Hügel liegt, empfiehlt es sich, einen Flügel zu stutzen.

Beide Rassen legen gut und sind leicht genug, um zu brüten. Häufig legen sie bis zu 40 Eier, die allerdings im Unterschied zu anderen weißen Rassen mit 140 g deutlich kleiner bleiben.

Tschechische Gans

Merkmale	
Klasse	Leicht
Gewicht (Ganter)	5–5,5 kg
Gewicht (Gans)	4–4,5 kg
Farbschlag	Weiß
Wilder Vorfahr	Graugans
Herkunft	Böhmen
Gefährdungsgrad	anerkannt (D)
Eier	40–60

Die kleinen, weißen Gänse aus Südostdeutschland und der benachbarten Tschechischen Republik (vor allem aus dem ehemaligen Böhmen) werden zunehmend beliebter. Der Unterschied zwischen einer

Tschechischen und einer Italienischen Gans ist kaum zu definieren. Im Extremfall sind die Tschechischen Gänse sehr klein, haben kurze Schnäbel und Hälse, ein rundliches Gesicht und die Halsfedern können wie bei der Deutschen Pekingente etwas hervorstehen. Der Körper ist rundlich-oval bis eiförmig. Man sagt ihnen nach, dass sie zur Brutzeit „pampig" reagieren, wenn sich andere Wasservögel den Küken nähern. Andere Züchter sehen aber keine Unterschiede zu anderen Gänsen.

In Deutschland ist die Tschechische Gans als Rasse anerkannt.

Ungarische Lockengans

Merkmale	
Klasse	Leicht
Gewicht (Ganter)	5,4–7,3 kg
Gewicht (Gans)	4,5–6,3 kg
Farbschlag	Weiß
Wilder Vorfahr	Graugans
Herkunft	Donau/Schwarzes Meer
Gefährdungsgrad	selten (Großbritannien)
Eier	30–40

Die Ungarische Locken- oder Donaugans kam kurz nach dem Krimkrieg (1854–1856) nach England; 1860 wurde sie erstmals im Kristallpalast ausgestellt. Eine Abbildung in einer Zeitung zeigte ein Paar glattbrüstige Gänse mit einem Gewicht von etwa 5 kg. Sie sind nicht viel größer als Italienische Gänse, haben aber ungewöhnlich lange, verdrehte („lockige") Federn, die bis auf den Boden herabhängen.

Bei der Lockengans sind einige Federn sehr lang. Der Kiel neigt dazu, längs aufzuplatzen und der Rand der Federfahne ist wellig oder gekräuselt. Diese Bildung wird durch einen genetischen Defekt verursacht.

Wenn bei der Paarung Männchen und Weibchen das Gen weitergeben, nimmt das Gefieder ein „lockiges" Aussehen an. Allerdings sind nur die Körperfedern unterhalb des Halses von der Mutation betroffen. Die Flügelfedern sind zurückgebildet, sodass die Lockengänse nicht mehr fliegen können.

Die Federn auf Schulter und Schenkel sind lang und häufig flaumig. Die Gans erinnert im Gesamteindruck an einen Federbusch.

Bringt nur ein Elternteil das mutierte Gen mit, werden Schulter- und Schenkelfedern bandartig. Die Brust ist glatt und die Flügelfedern intakt, sodass die Gans fliegen kann.

Aus der Kreuzung zweier „glattbrüstiger" Gänse sind drei Formen von Nachkommen zu erwarten:

- „glattbrüstig" wie die Eltern,
- „lockig" wie Federbüsche, und
- ganz normal aussehende, weiße Gänse, die den Italienischen Rassen gleichen.

Nur die beiden letzten brüten „erbrein". In den USA ist die „gelockte" Form seit 1938 als eigene Rasse anerkannt; in Deutschland wird nur die glattbrüstige Form anerkannt.

Nicht alle Gänsehalter finden die gelockten Formen schön. Es gibt jedoch Liebhaber, die auf diese Tiere schwören. Interessanterweise halten sie sich, wie andere weiße Gänse, selbst bei sehr schlechtem Wetter sauber. Alles, was sie brauchen, ist eine Wasserfläche zum Paddeln oder Schwimmen. Während der Brutzeit verlieren sie einige der weichen Federn.

Ungarische Lockengänse legen ordentlich. Gute Zuchtlinien bringen es auf 30–40 Eier pro Brutsaison; sie brüten die Eier selbst aus.

Gescheckte Gänse

In England werden Gänse mit geschecktem Gefieder erstmals 1613 von Gervase Markham beschrieben. Viele regionale Rassen in Europa weisen diese Farbvariante auf: Die Gänse haben eine weiße Grundfarbe, nur auf Kopf, Nacken, den Flügelschildfedern und den Schenkeln tauchen farbige Federn auf.

Das „Flecken-Gen" taucht zwar bei rein weißen, aber nicht bei durchgefärbten Rassen auf. Züchter benutzen dies, um über viele Generationen hybride Gänse mit grauen oder gelbbraunem Rücken zu züchten. Kommerziell gezüchtete Hybriden aus Emdener und Toulouser-Gänsen weisen dieses Farbspiel häufig auf: Es entstehen große, schnell wachsende Tafelgänse mit farbigen Flecken. Auf Ausstellungen werden nur Tiere gezeigt, bei denen die symmetrischen Farbflecke einem bestimmten, genau definierten Rassestandard genügen.

Die an die Ostsee angrenzenden Gebiete von Deutschland, Polen und Schweden sind bekannt für gescheckte Gänse – Jakob Samuel Beck (1715–1778) hat sie in einem Gemälde verewigt. Die berühmteste Rasse ist die Pommerngans; es gibt aber auch unbekannte Rassen, wie die Skåne-, Öland- und Flämische Gans. Wie häufig große weiße Gänse eingekreuzt wurden, ist ungeklärt.

Pommerngans

Merkmale	
Klasse	Mittel
Gewicht (Ganter)	8,2–10,9 kg
Gewicht (Gans)	7,3–9,1 kg
Farbschlag	Grau gescheckt, Grau oder Weiß
Wilder Vorfahr	Graugans
Herkunft	Norddeutschland und Polen
Gefährdungsgrad	kritisch (USA)
Eier	30–40

Das historische Pommern erstreckte sich an der Küste der Ostsee beiderseits der Oder etwa von Stralsund im Westen bis Danzig im Osten. Heute gehört es zu Deutschland und Polen. Der Name bedeutet „Land am Meer". In der gesamten Region gibt es eine lange Tradition der Gänsezucht, die sich auch in den Spezialitäten der Landschaften zeigt: Geräucherte Gänsebrust, gepökelte Gans und Gänseschmalz haben die Zuchtziele beeinflusst. Erwünscht waren Formen mit gestreckten Körpern und kräftiger Brust.

Das entscheidende Rassemerkmal der deutschen Pommerngans ist eine gut sichtbare, einfache Bauchwamme. Damit unterscheidet sie sich von der Emdener Gans und den gescheckten Formen der „Englischen Grey-Back" Gans. Die große Pommerngans mit dem kräftigen, rosa-orange-farbenen Schnabel ist eine beliebte Rasse auf Vogelschauen. In England wird vorwiegend der grau gescheckte Farbschlag ausgestellt, im übrigen Europa eher die graue Form. Das Verhalten richtet sich nach ihrer Aufzucht; es ist aber bekannt, dass einige Linien zu bestimmendem Verhalten neigen. Gute Linien legen mehr Eier als die Emdener Gans. Die Rasse wurde 1977 in den USA anerkannt. Im Wesentlichen gelten dieselben Rassemerkmale wie in Deutschland, doch in den USA heißen alle Gänse mit sattelartiger grauer Färbung „Pomeranian".

Gänse mit grauem oder gelbbraunem Rücken

Merkmale	
Klasse	Mittel
Gewicht (Ganter)	8,2–10 kg
Gewicht (Gans)	7,3–9,1 kg
Farbschlag	Gescheckt
Wilder Vorfahr	Graugans
Herkunft	Nordeuropa
Gefährdungsgrad	selten
Eier	Abhängig von der Linie (siehe Text)

Gänse mit grauem (Grey Back) oder gelbbraunem (Buff Back) Rücken haben denselben Körperbau. Es sind mittelgroße Gänse mit gleichmäßiger, doppelter Bauchwamme. Die grauen (Wildform) und gelbbraunen Farbflecke sollten gut definiert und symmetrisch angeordnet sein und den Kopf sowie etwa ein Drittel des Halses bedecken. Beide Formen haben gemusterte Federn, die jenen der Graugans oder der Toulouser-Gans entsprechen: grau oder gelbbraun mit hellem Saum.

Die gelbbraune Färbung wird geschlechtsspezifisch vererbt. Aus der Paarung gelbbrauner Ganter mit graurückigen Gänsen haben nur die weiblichen Küken einen gelbbraunen Rücken. Die Ganter haben einen grauen Rücken; sie werden später einige Nachkommen mit gelbbraunem Gefieder haben. Um eine stabile Population von Gänsen mit gelbbraunen Rücken zu bekommen, kreuzt man einen amerikanischen Ganter mit gelbbraunem Rücken mit einer graurückigen Gans. Die Zahl der Eier hängt von den Linien ab, die für die Kreuzungen verwendet wurden. Kreuzungen mit kleineren Gänsen liefern kleine Nachkommen, die mehr Eier legen.

Graue Gänse

Dass der Vorfahre aller europäischen Gänserassen die Graugans (*Anser anser anser*) war, kann kaum überraschen. Sie ist die größte der grauen Gänse, ist nicht besonders misstrauisch und zieht im Sommer weiter nach Norden als andere Gänse: Graugänse brüten südlich des Nördlichen Polarkreises von Island bis nach Russland. Sie haben einen großen Kopf mit kräftigem Schnabel; in Westeuropa fällt der Schnabel leuchtend orange aus. Die östlichen Formen sind etwas kleiner (*Anser anser rubrirostris*), haben hellrosa Schnäbel und einen Augenring. Graugänse werden seit über 3000 Jahren in Gefangenschaft gezüchtet und nicht mehr in der Wildnis gejagt. Ein extremes Beispiel der Zucht ist die Toulouser-Gans, die in Südfrankreich neben anderen, kommerziell genutzten grauen Gänsen gezüchtet wurde. Im Elsass gibt es eine kleinere Form der grauen Hausgans mit einem Körperbau wie dem der wilden Graugans; es gibt auch eine durchgehend graue Form der Pommerngans. Auch die ursprünglichen Steinbacher Kampfgänse hatten graues Gefieder, vielleicht wurden auch asiatische Vorfahren eingezüchtet. Das Grau dieser Rassen gilt als „Wildfarbe"; ihnen fehlen die Gene für gelbbraune, gescheckte oder fleckenartige Färbung.

Toulouser-Gans

Merkmale	
Klasse	Schwer
Gewicht (Ganter)	11,8–13,6 kg
Gewicht (Gans)	9,1–10,9 kg
Farbschlag	Grau, Gelbbraun oder Weiß
Wilder Vorfahr	Graugans
Herkunft	Frankreich
Gefährdungsgrad	Bestandsbeobachtung
Eier	30–40

Zu Beginn des 19. Jhs. waren die Toulouser-Gänse als Tafelgänse, später auch zur Zucht sehr begehrt. Der Earl of Derby importierte sie in den 1840er-Jahren nach England, wo sie erstmals 1845 bei der Nationalen Geflügelschau ausgestellt wurden. Zwanzig Jahre später waren Toulouser- und Emdener Gänse als einzige Rassen im englischen Rassestandard für Geflügel vertreten. Im 20. Jh. war die Toulouser-Gans auf Geflügelschauen sehr beliebt und avancierte zu einer wichtigen Stammrasse kommerziell gezüchteter Gänse.

Die Toulouser-Gans hat eine sehr charakteristische Körperform. Von der Seite sieht sie beinah viereckig aus. Sie hat einen geraden Rücken, eine doppelte Bauchwamme und einen geraden Brustkiel aus Haut und Gewebe. Weitere Merkmale sind der kurze, kräftige Schnabel und die große, hängende Kehlwamme. Das Gefieder ist üppig und ziemlich weich, sodass Toulouser-Gänse größer und schwerer wirken. Die weichen Federn werden bei schlechtem Wetter schneller nass und verkleben leichter als bei Rassen mit härteren, schlanken Federn. Lassen Sie die Tiere bei schlechtem Wetter im Stall (vor allem die gelbbraunen Formen).

Für eine große Gans ist die Toulouser sehr scheu und zurückhaltend. Sie bewegt sich schwerfällig und lässt sich nur ungern treiben. Tiere mit Ausstellungsqualität brüten nur sehr kurz. Große Toulouser-Gänse legen nur sechs bis acht Jahre, manche Zuchtlinien haben verdrehte Schwungfedern. Die kommerziell genutzten Linien sind robuster. Vor allem große Vögel profitieren von einem Teich, in dem sie baden und sich reinigen können. An Toulouser-Gänse mit Ausstellungsqualität sollten sich nur erfahrene Züchter wagen. Es gibt kleinere Linien, die als Nutztiere gezüchtet wurden und relativ gut legen (30–40 Eier).

Blaue Gänse

Die erste Steinbacher Kampfgans, die als Rasse anerkannt wurde (1932), war der graue Farbschlag. Heute ist der blaue Farbschlag beliebter. Vermutlich wurden asiatische Gänse aus Russland in diese Thüringer Züchtung eingekreuzt.

Das Gen für die blaue Farbe scheint wie das entsprechende Gen bei den Enten zu funktionieren. Es ist rezessiv und zum Glück nicht an das Geschlecht gebunden. Aus der Kreuzung einer grauen mit einer hellblauen Steinbacher Gans gehen blaue, ziemlich dunkle Nachkommen hervor. Durch weitere Kreuzungen der blauen Farbschläge untereinander entsteht schließlich eine erbreine blaue Linie. Sowohl graue als auch blaue Gänse vererben die Färbung. Die Steinbacher Kampfgans ist in England sehr begehrt und wurde jüngst in die USA eingeführt.

In Franken existiert seit langem eine blaue Landgans, die Anfang des 21. Jhs. in Deutschland als Rasse anerkannt wurde – die Fränkische Landgans. Außerdem kommen in Europa und dem Fernen Osten blaue Höckergänse vor.

Steinbacher Kampfgans

Merkmale	
Klasse	Leicht
Gewicht (Ganter)	6–7 kg
Gewicht (Gans)	5–6 kg
Farbschlag	Grau und Blau
Wilder Vorfahr	Graugans und Schwanengans
Herkunft	Deutschland
Gefährdungsgrad	in GB & USA eingeführt
Eier	5–40

Der Namenszusatz „Kampfgans" geht auf die verbreiteten Gänsekämpfe zurück, die in Osteuropa und Russland abgehalten wurden (ähnlich wie die europäischen Hahnenkämpfe). Die Steinbacher Kampfgänse sind die vielleicht zutraulichsten aller Gänserassen und eignen sich bestens als Haustiere. Sie werden sehr zahm und sind kaum aggressiv. In einer gemischten Gruppe aus Gänseküken fallen die Steinbacher sofort auf, denn sie nähern sich ohne Scheu dem Menschen, genießen den Kontakt und knabbern an Kleidern, Haaren und Schuhbändern herum. Dagegen kommen die Toulouser- oder Lockengänse nicht an.

Es gibt allerdings einen Nachteil: Wenn während der Brutzeit die Ganter von Steinbacher Kampfgänsen mit Afrikanischen Höckergänsen zusammentreffen, kommt es zu schweren Kämpfen. Keine der beiden Rassen gibt auf oder läuft weg. Der Kampf endet erst, wenn einer der beiden völlig erschöpft ist.

Zusätzlich zu den blauen Federn zeichnen sich die Steinbacher durch auffällig kräftige, kurze Schnäbel aus. Der Schnabelfirst ist gerade bis leicht konvex, aber nicht so extrem wie bei der Russischen Gans. Der Schnabel ist leuchtend orange gefärbt, mit schwarzer Bohne. Auch der innere Rand des Schnabels ist schwarz gefärbt. Die dunkle Linie auf dem Schnabelfirst von Junggänsen verschwindet meist bei den erwachsenen Tieren. Wenn das Schwarz im Schnabel fehlt, wurden andere europäische Rassen eingekreuzt.

Die Steinbacher Kampfgänse wurden nie auf hohe Produktivität gezüchtet. Einige Zuchtlinien legen sehr wenig und haben nur eine kurze Brutzeit. Andere legen ordentlich.

Gelbbraune Gänse

Das Gefieder der gelbbraunen (Buff) Gänse ist ähnlich gemustert wie bei der Toulouser- und wilden Graugans. Der einzige Unterschied ist die Grundfarbe: Aus Grau wurde ein Gelbbraun (gelbliches Beige). Das dafür verantwortliche, rezessive Gen ist geschlechtsgebunden. Bei Gänsen zeigt sich der Farbschlag sofort, bei Gantern kann er unterdrückt bleiben. Die weiblichen Nachkommen eines gelben Ganters mit einer grauen Gans werden alle gelbbraun; die männlichen Nachkommen sind grau. In der nächsten Generation haben die grauen Ganter ein paar gelbbraune Nachkommen (der Anteil richtet sich nach der Farbe ihrer Partnerin und dem Geschlecht der Küken). Da die genetischen Zusammenhänge relativ kompliziert sind, waren die frühen Züchter auf Zufallskreuzungen angewiesen. Wie alle rezessiven Gene könnte aber auch die Information für die gelbbraune Färbung bereits in Wildpopulationen vorhanden gewesen sein, ehe sie sich durch gezielte Züchtung stärker in der Population ausbreitete und als Phänotyp sichtbar wurde.

Brecon Buff Gans

Merkmale	
Klasse	Mittel
Gewicht (Ganter)	7,3–9,1 kg
Gewicht (Gans)	6,3–8,2 kg
Farbschlag	Gelbbraun
Wilder Vorfahr	Graugans
Herkunft	Wales
Gefährdungsgrad	Selten (Großbritannien)
Eier	bis 30

Als Rhys Llewellyn 1929 einen Schwarm grauer und weißer Gänse in den Brecon Beacons in Zentralwales beobachtete, fielen ihm einige gelbbraune Vögel auf. Er kreuzte eine diese Gänse mit einem „Emdener“ Ganter (ohne das Gelbbraun-Gen) und bekam nur graue Nachkommen. Dann wählte sich Rhys Llewellyn einen der 1930 geschlüpften Ganter aus (er besaß das Gen, das sich aber nicht als Phänotyp zeigte) und kreuzte ihn mit zwei gelbbraunen Gänsen. Mehrere Gänseküken aus diesen Verbindungen waren gelbbraun. Sie bildeten den Grundstock für seine Zucht, die 1934 mit reinrassigen Tieren erfolgreich war. Vermutlich nutzte Rhys Llewellyn keinen reinrassigen Emdener, sondern irgendeinen weißen Ganter. Die Gänseherde auf seinem Hof stammte wohl aus weißen und grauen Gänsen nicht genauer definierter Abstammung, doch wahrscheinlich waren „gewöhnliche“ Landgänse oder Pilgrimgänse darunter. Das würde erklären, warum sich später gescheckte Formen zeigten.

Die Brecon Buff Gans eignet sich bestens für Hobbyhalter mit kleinem Grundstück. Reinrassige Tiere werden stark nachgefragt und sind nicht leicht zu finden.

Sie haben hellrosa Augenränder, Schnäbel, Beine und Füße, die sie vermutlich der östlichen Unterart der Graugans verdanken. Brecon Buff Gänse sind kompakt gebaut und etwas kleiner als die Amerikanische Buff. Sie profitieren von saftigen Grasflächen, die im feuchten Klima von Zentralwales die Regel sind. Anders als die Toulouser- oder riesigen Emdener Gänse kommen sie gut mit Steigungen zurecht und sind gute Futterverwerter. Außerdem haben sie einen verhältnismäßig hohen Anteil Muskelfleisch.

Sie legen bis zu 30 Eier pro Jahr, sind gute Brutgänse und Mütter. Da die Gänse nur 6–8 kg wiegen, ist die Gefahr zerbrochener Eier oder zerquetschter Gössel geringer als bei größeren Rassen. Manche Brecons akzeptieren die Küken nur, wenn sie gelbbraun sind. Wir greifen auf einen afrikanischen Höckerganter zurück, der keine Vorurteile bezüglich der Federfarbe kennt und sehr sanft ist. Da es vorkommt, dass Brecon Gänse „falsch" gefärbte Küken vertreiben, ist die vorsorgliche Handaufzucht in jedem Fall sicherer. Alles in allem sind Brecon Buff Gänse ruhig, benehmen sich gut und sind pflegeleicht.

Amerikanische Buff Gänse

Merkmale	
Klasse	Schwer
Gewicht (Ganter)	10–12,7 kg
Gewicht (Gans)	9,1–11,8 kg
Farbschlag	Gelbbraun
Wilder Vorfahr	Graugans
Herkunft	Nordamerika
Gefährdungsgrad	Selten (Großbritannien)
Eier	25–30

Die Amerikanische Buff Gans wurde 1947 in den USA als Rasse anerkannt. Sie ist ähnlich gefärbt wie die Brecon Buff Gans, die Federfarbe geht aber in Richtung Messing. Körperbau und Größe der amerikanischen Rasse kommt der Emdener Gans nahe; sie ist aber höher, schwerer und nicht so kompakt gebaut. Beide haben eine doppelte Bauchwamme.

Vermutlich stammt die Amerikanische Buff Gans von importierten gelbbraunen Pommerngänsen ab, zumindest von Vögeln mit gelbbraunem Rücken. Da die Graugans in Amerika nicht vorkommt, gehen alle amerikanischen Gänse auf Importe zurück. Die Amerikanischen Buff Gänse sind angenehm. Ihre Legeleistung liegt, wie die der Brecons, im mittleren Bereich, ist aber auch vom Alter und der Zuchtlinie abhängig.

Gänse mit geschlechtsspezifischen Farbunterschieden

Anders als bei den Enten kann das Geschlecht von Gänserassen nur selten durch das äußere Erscheinungsbild (das sogenannte „Auto-Sexen") bestimmt werden. Wilde Ganter und Gänse der nördlichen Hemisphäre sind nicht geschlechtsspezifisch gefärbt, verraten sich also nicht durch ihr Gefieder. Die Ganter sind meist etwas größer, selbstbewusster und forscher. Dafür haben die Gänse eine tiefere, tragendere Stimme. Tatsächlich darf man sich erst 100-prozentig sicher sein, wenn die „Gans" ein Ei legt und sich damit als weiblich outet. Auch das Aufreiten ist keine rein männliche Angelegenheit. Es ist auch bei vielen Weibchen, die in einer weiblichen Gruppe leben, zu beobachten. Die einzig verlässliche Methode ist die Untersuchung der Geschlechtsöffnung (Sexen). Bei Jungtieren von den Federn auf das Geschlecht zu schließen, ist so gut wie unmöglich.

Es gibt allerdings Ausnahmen: Die Pilgrimgans, die West of England und die Shetlandgans weisen geschlechtsspezifische Farbunterschiede auf. Das gilt auch für die Normandiegans, die Cotton Patch Gans (USA) und die Settler Gans (Australien). Oscar Grow fiel bei Gänsen in Vermont und anderen Teilen Neuenglands auf, dass sich schon die Jungtiere im Gefieder unterschieden. Es könnte aber durchaus sein, dass schon auf europäischen Bauernhöfen Gänse mit geschlechtsspezifischem Gefieder gehalten wurden – in Frankreich und England ganz sicher.

Im Jahre 1902 schreibt Harrison Weir, dass die meisten Gänsehalter auch bei „normalen" grauen Rassen die weiße Variante bevorzugen. Im Laufe der Jahrhunderte entwickelten sich bestimmte Vorlieben und die Züchter versuchten, die Wünsche der Kunden durch gezielte Zucht zu befriedigen. Jean Delacour erinnert sich an Pilgrimgänse, die er gegen Ende des 19. Jhs. auf französischen Bauernhöfen in der Picardie gesehen hatte. Auch aus der Normandie existieren ähnliche Berichte. Vielleicht war Oscar Grow nicht der erste Züchter, der die Pilgrimgänse züchtete, aber er war ein großer Fürsprecher der Rasse und ein erfahrener Genetiker.

F. N. Jerome klärte in den 1950er-Jahren auf, wie die Gene für die geschlechtsbedingte Farbgebung arbeiten. Bei den Gantern sind zwei Gene für das „Verblassen" der Farbe verantwortlich, Gänse haben nur eins. Dieser Unterschied ist für die geschlechtsspezifische Färbung verantwortlich (auch die Farbenblindheit beim Menschen wird durch zwei mutierte Gene bei Frauen und ein mutiertes Gen bei Männern verursacht). Da bei der Gans nur ein „Verblassen-Gen" wirksam ist, bleibt die Grundfarbe der Federn Grau mit leichtem Blauschimmer. Der reinrassige Pilgrimganter wird durch zwei dieser Gene fast weiß.

Pilgrimgans

Merkmale

Klasse	Leicht
Gewicht (Ganter)	6,3–8,2 kg
Gewicht (Gans)	5,4–7,3 kg
Farbschlag	Gans grau, Ganter weiß
Wilder Vorfahr	Graugans
Herkunft	Großbritannien, USA
Gefährdungsgrad	Selten
Eier	25–35

Die weiblichen Pilgrimgänse haben verblasste graue Federn an Kopf, Hals, Körper und Flügeln. Das Gesicht zeigt eine Spur Weiß, meist brillenartig um die Augen. Einige Linien werden mit zunehmendem Alter auf Stirn und Scheitel etwas weißer und bekommen weiße Flecken am Hals. Obwohl diese Umfärbung oft vorkommt, wird sie auf Geflügelschauen nicht gern gesehen. Weiße Flügelfedern gelten als Fehler, ganz weiße Flügel sind ein Zeichen dafür, dass die Gans nicht reinrassig ist.

Die Ganter sind, bis auf schwaches Hellgrau auf dem unteren Rücken und auf den Handschwingen oder Schwanzfedern, überwiegend weiß. Doch woran erkennt man den Unterschied zwischen einem weißen Pilgrimganter und einem Emdener oder Italienischen Ganter? Werden reinrassige Pilgrimgänse mit weißen Gantern unbekannter Herkunft gekreuzt, haben die weiblichen Nachkommen weiße Schwungfedern und weiße Federn auf der Brust.

Die Pilgrimgänse wurden 1939 in den USA, 1982 in Großbritannien als Rasse anerkannt.

Tatsächlich sind reinrassige Pilgrimgänse sehr selten. In Großbritannien zählen sie zu den seltenen Nutztierrassen. In den USA ist die Population inzwischen vom Aussterben bedroht (wie die Cotton Patch und Shetlandgans).

Pilgrimgänse grasen gern und brauchen kein proteinreiches Zusatzfutter (das gilt nicht für die anderen großen Rassen). Da sie relativ leicht sind, können sie ihre Eier ausbrüten und die Gössel hüten, ohne sie zu zerquetschen. Pilgrimgänse gelten als ruhig, angenehm und geben gute Haustiere ab.

Shetlandgans

Merkmale	
Klasse	Leicht
Gewicht (Ganter)	6–7 kg
Gewicht (Gans)	4,5–6 kg
Farbschlag	Gans grau und weiß; Ganter weiß
Wilder Vorfahr	Graugans
Herkunft	Shetland-Inseln
Eier	bis zu 40

Shetlandgänse sind klein, widerstandsfähig, haben einen rundlichen Körper und gut entwickelte Flügel. S.H.U. Bowie beschreibt 1989, unter welchen Bedingungen sie auf den Inseln gehalten wurden – eine kleine Population bis heute. Wie die Pilgrim- und die West of England Gans ist die Shetlandgans selten. Ihr Verhalten ist von der Aufzucht abhängig. Die Rasse eignet sich für kleinere Grundstücke, wie die Italienische und Tschechische Gans.

West of England Gans

Diese Rasse ist kräftiger gebaut als die Shetland- oder Pilgrimgans. Über ihre Genetik wissen wir nicht viel. Das gilt aber auch für Shetland- und Cotton Patch Gänse, die ein ähnliches Farbmuster aufweisen – vermutlich sind dieselben Gene beteiligt. Auf den ersten Blick sehen die Ganter wie bei den Pilgrimgänsen aus (das Weiß ist etwas intensiver) und die Gänse gleichen oberflächlich den Rassen mit grauem Rücken (Grey Back), obwohl das Grau heller ist. Die Farbflecke sind unregelmäßig und asymmetrisch; manchmal fehlen vor allem den älteren Gänsen die Zeichnungen auf Kopf und Hals. Die Rasse ist zwar sehr alt, wurde aber erst 1999 in Großbritannien als Rasse anerkannt.

Merkmale	
Klasse	Mittel
Gewicht (Ganter)	7,3–9,1 kg
Gewicht (Gans)	6,3–8,2 kg
Farbschlag	Gans grau und weiß; Ganter weiß
Wilder Vorfahr	Graugans
Herkunft	England
Gefährdungsgrad	Selten (Großbritannien)
Eier	20–30

Enten

Enten waren über Jahrtausende beliebtes Jagdwild, das Fleisch, Federn und Eier lieferte. Die Domestizierung dürfte im Fernen Osten begonnen haben, doch die Europäer züchten erst seit einigen Jahrhunderten Enten – jede Rasse für spezielle Zwecke. Ob aus spontanen Mutationen oder durch gezielte Kreuzung entstanden, Enten bilden den Mittelpunkt auf Geflügelschauen, Bauernhöfen, in Teichen oder großen Gärten. Es gibt große und kleine, dicke und dünne, Dutzende von Rassen und viele Farbvarianten. Es ist nicht leicht, sich zu entscheiden!

Domestizierte Enten

Vor langer Zeit erkannten die Menschen in vielen Teilen der Welt, welche Vorteile ausgewachsene Enten in Gefangenschaft bieten. Als die ersten Siedler sesshaft wurden, begann die Domestikation der Enten. Tatsächlich wurde nur eine einzige wilde Entenart zum Stammvater aller Hausenten, die wilde Stockente (*Anas platyrhynchos*). In den nördlichen Breiten ist die Art weit verbreitet; sie ist größer als andere gründelnde Enten und nicht so scheu. In Mittelamerika dürfte die Domestikation von der wilden Moschusente ausgegangen sein (*Cairina moschata*).

Bei der Domestikation werden natürliche Mutationen ausgewählt und die Tiere durch gezielte Kreuzungen in Richtung auf ein erwünschtes Ergebnis gezüchtet. Typische Mutationen beeinflussen:

- Größe
- Körperform
- Verhalten
- Wachstum
- Brutzeit
- Farbe des Federkleides

Domestizierte Tiere sind fast immer größer als ihre wilden Verwandten und haben mehr Muskelmasse an den erwünschten Körperstellen. Sie sind ruhiger, wandern nicht ab (spontane Fluchten oder jahreszeitlich bedingte Wanderzüge) und sind an Menschen gewöhnt. Rassen, die das ganze Jahr über besonders viele Eier legen, sind am begehrtesten. Tiere mit auffälligem Gefieder sind leichter zu hüten oder zu beschützen. Dank räumlicher Trennung und eingeschränkter Transportmöglichkeiten, entstanden weltweit spezifische Rassen.

Rouen- und Aylesbury-Enten

Bis zum Ende des 18. Jhs. waren die meisten europäischen Enten wahrscheinlich nur beliebige „Dorfteichenten" mit sehr unterschiedlichen Größen, Formen und Farben und alle mehr oder weniger eng mit der wilden Stockente verwandt. Während der industriellen Revolution, als viele Menschen zur Arbeit in die Städte zogen und versorgt werden mussten, begann die kommerzielle Züchtung großer, fleischreicher Formen. Diese Massenproduktion von Fleischenten (um die wachsende Bevölkerung Londons zu versorgen) brachte die Aylesbury-Ente hervor (sie-

LINKS Amerikanische Pekingenten.

he S. 71). Die Aylesbury war eine große Ente, die bis auf die weißen Federn und die rosa Haut in Form und Größe der französischen Rouen-Ente glich. Auch ihre Brutzeit war gegenüber den Rouen-Enten verschoben und sie machte einen leichteren, attraktiveren Gesamteindruck. Das weiße Gefieder war begehrter als die Wildfarbe der Rouen-Ente.

Pekingenten

In China war ein anderer Fleischententyp begehrt, den wir als Pekingente kennen. Als die ersten Vögel um 1872/73 nach Europa kamen, waren die Enten bereits seit Jahrhunderten im Fernen Osten domestiziert worden. Es waren weiße, schnell wachsende, große, flugunfähige Enten. Sie ließen sich in großer Zahl halten und vermehren und waren ideal zur Versorgung der Stadtbevölkerung. Ihre betont aufrechte Haltung und das weiche Gefieder unterschieden sie von den europäischen Formen.

Indische Laufenten

In Indochina, Malaysia und Indonesien wurden aufrecht gehende Enten gezüchtet, allerdings mit einer anderen Priorität: Eier. Die berühmten Indischen Laufenten stammen von Java, Lombok, Bali und den umliegenden Inseln. Vielleicht lebten sie dort bereits seit Hunderten von Jahren. Als die Holländer und andere Seemächte Mitte des 19. Jhs. diese Region „entdeckten", war die Rasse bereits auf große Eierproduktion gezüchtet. Während eine wilde Stockente ein oder zwei Dutzend Eier legte, brachten es die Laufenten auf 200 Stück pro Jahr. Sie legten auch außerhalb der Brutzeit und sie konnten nicht mehr fliegen. Sie durften überall umherlaufen, suchten sich ihr Futter aus den Reisfeldern und wurden zu den Märkten oder zum Export an die Küste getrieben. Hinzu kam, dass sie sehr schön gefärbt waren.

Auswahl der Rasse

Wie die Hausgänse stammen auch die domestizierten Enten von einem einzigen wilden Vorfahren ab, der Stockente. Innerhalb der Hausenten gibt es jedoch eine deutlich größere Variationsbreite als bei den Gänsen. Die einzelnen Rassen – sogar die Zuchtlinien innerhalb der Rassen – unterscheiden sich in der Zahl der Eier, im Temperament und dem Lärm, den sie machen. Auf den Seiten 44–45 und bei den Beschreibungen der Rassen in diesem Kapitel steht mehr darüber. Eines gilt allerdings sowohl für Gänse als auch für Enten: Der Umgang in den ersten Wochen entscheidet darüber, wie sich das Temperament entwickelt. Renommierte Züchter (siehe S. 32) wissen, wie man mit den Entenküken umgeht; bei ihnen kann man sich die Vögel ansehen, bevor man sich entscheidet. Lesen Sie das Kapitel „Es geht los" gründlich durch, bevor Sie die Enten nach Hause holen.

Neue Rassen aus alten

Nachdem die asiatischen Rassen nach Europa kamen, sorgten Rouen-, Peking- und Indische Laufenten für eine Revolution der Entenzucht. Kreuzungen zwischen Rouen- (oder Aylesbury-) und Pekingenten lieferten genetisches Material für neue Fleisch- bzw. Tafelenten. Kreuzungen zwischen den Rouen- und Indischen Laufenten bildeten die Basis für Eier legende Enten.

Historische Rassen

Rouen-Ente

Merkmale	
Klasse	Schwer
Gewicht (Erpel)	4,5–5,4 kg
Gewicht (Ente)	4,1–5 kg
Nutzung	Tafelente
Farbschlag	wildfarben (Stockente)
Herkunft	Frankreich
Flugfähigkeit	nicht flugfähig
Gefährdungsgrad	Selten (Großbritannien)
Eier	35–100

Diese Entenrasse stammt aus der Normandie, aus der Gegend um Rouen. Die Färbung der Rasse und die Zeichnungen sind der wilden Stockente sehr ähnlich. Vermutlich gelangten die ersten Exemplare im Handelsaustausch über den Kanal an die Südküste Englands. In Frankreich hießen sie nicht nur *Rouen foncé* (dunkle Rouen), sondern auch Englische Rouen Enten. Die Rasse wurde um 1850 in die USA und nach Deutschland importiert. In den USA wird sie Rhone-Ente genannt und ist seit 1874 als Rasse anerkannt.

Die modernen Rasseenten wachsen nicht mehr so schnell wie die frühen Rouens. Es sind sehr große, schwere und massige Vögel; in guter Obhut aufgewachsene Tiere sind ruhig und zahm. Sie haben einen geraden Rücken wie die Toulouser-Gans und eine tiefe Hautfalte (Kiel) zwischen Brust und Hinterleib, die fast bis auf den Boden hängt. Im Profil gleicht sie der Aylesbury-Ente. Reinrassige, auf Geflügelschauen gezeigte Exemplare haben einen orangefarbenen Schnabel mit dunklem Sattel. Die Grundfarbe der Weibchen schimmert kastanien- bis goldbraun, schmutziges Braun ist nicht erwünscht. Kreuzungen mit der Aylesbury verändern das Farbmuster.

Die Rouen-Enten waren an der Zucht vieler moderner, kräftiger Haustierrassen beteiligt. Aus der Kreuzung mit Pekingenten gingen die Rouen-Clair-Enten hervor. Zusammen mit dem blauen Farbschlag der Pommernente entstand die Sachsen-Ente; durch eine andere Mutation der Pekingente die silberne Appleyard-Ente. Sie ist Vorfahr der Campbell-Enten und kommt auch in blauen Wildfarben und Aprikosenfarben vor.

Für Anfänger sind Rouen-Enten nicht so gut geeignet. Sie brauchen große Mengen Qualitätsfutter. Außerdem neigt die Rasse zum Federpicken und hat eine geringere Lebenserwartung als andere leichte Rassen. Die Rouen-Enten sind selbst für Ausstellungszüchter eine echte Herausforderung. Sie sehen wunderschön aus und kommen in Schauen bestens zur Geltung. Nach ein paar Jahren nimmt ihre Attraktivität rapide ab. Sie mögen ebene Flächen und flache Teiche und müssen regelmäßig bewegt werden. Die speziell als Nutztiere gezüchteten Rouen-Enten sind fitter und legen mehr Eier als die reinrassigen Formen – bis zu 100 Stück.

Aylesbury-Ente

Merkmale	
Klasse	Schwer
Gewicht (Erpel)	4,5–5,4 kg
Gewicht (Ente)	4,1–5 kg
Nutzung	Tafelente
Farbschlag	weiß
Herkunft	England
Flugfähigkeit	nicht flugfähig
Gefährdungsgrad	sehr gefährdet (D)
Eier	35–100

Kurz nach 1800, zum Höhepunkt der industriellen Revolution, tauchten die ersten Enten in der kommerziellen Entenzucht von Aylesbury auf (Buckinghamshire, England). Die Stadt hatte eine lange Tradition in der Entenzucht. „Die Armen der Stadt bessern ihr Einkommen mit der Zucht von Enten auf; jeden Samstag fahren vier Wagen zum Markt nach London", schrieb Dr. Pococke in den 1750er-Jahren. Mit steigendem Bedarf übernahm im nächsten Jahrhundert die Eisenbahn den Transport. Die Enten wuchsen zwar noch nicht in großen Zuchtbetrieben, sondern auf Bauernhöfen und in Gärten heran, aber die Entenzucht war damals ein großes Geschäft.

Mitte des 19. Jhs. waren die Aylesbury- und Rouen-Enten auf Geflügelschauen ähnlich begehrt wie Emdener und Toulouser-Gänse. In der Nationalen Geflügelschau von 1845 setzten sie Maßstäbe und 1865 wurden sie als Rasse anerkannt. Gegen Ende des Jahrhunderts nahm die Bedeutung der traditionellen Entenzucht ab. Die genauen Gründe sind schwer zu ermitteln. Sicher ist nur, dass die Vorrangstellung der Aylesbury-Enten abnahm. In den östlichen Ländern entstanden etwa gleichzeitig große Betriebe zur industriellen Entenzucht.

Heute werden in Aylesbury nur noch wenige Enten aufgezogen; immerhin setzt ein Familienbetrieb die alte Tradition fort. Bis zu 10 000 dieser großen Enten mit den rosa Schnäbeln werden jährlich noch als Tafelenten für Gourmets gezüchtet; sie werden bereits mit acht Wochen schlachtreif.

Allerdings ist nicht jede große, weiße Ente eine Aylesbury. Sie muss außerdem einen langen Schnabel mit einer schönen blassrosa Tönung haben (J. K. Fowler nennt sie in Lewis Wright „wie die Fingernägel einer Lady") und das Gefieder muss schimmern und sich anfühlen wie Satin. Die reinrassige Aylesbury-Ente ist, ähnlich wie die Rouen-Ente, eine Rasse für Liebhaber. Es gibt nur wenige Blutlinien. Die Rasse ist durch die kleine Population und Inzuchten gefährdet. Daher versuchen Züchter Tiere aus Übersee einzukreuzen, um den Rassestandard zu halten. Schon 1890 beklagt sich Lewis Wright darüber, dass es schwierig sei, reinrassige Aylesbury-Enten zu bekommen, seit sich die Pekingente weitgehend durchgesetzt habe.

Da schwere Rassen wie die Aylesbury-Ente nicht fliegen können, brauchen die Flügel nicht gestutzt zu werden. Der tiefe Kiel, der lange Körper sowie Gewicht und Größe machen es notwendig, dass den Enten ein flacher Teich zur Verfügung steht, in dem sie regelmäßig baden können. Die Enten paaren sich sogar auf dem Wasser, weil das Gewicht des Erpels eine Paarung an Land schwierig macht.

Aylesburys fressen alles, was man ihnen vorsetzt. Vor allem erwachsene Tiere müssen daher sorgfältig überwacht werden, damit sie nicht zu stark zunehmen. Sie brauchen im Idealfall ein Gelände, in dem sie sich aktiv bewegen können, sonst sinkt ihre Lebenserwartung. Nur eine fitte Aylesbury-Ente pflanzt sich fort, und Fitness erwirbt sie auf einer Weide. Sie legen etwa so viele Eier wie die Rouen-Enten (bis zu 100 Stück) und sind ähnlich ruhig und zahm, wenn sie korrekt aufgezogen wurden.

Indische Laufenten

Merkmale	
Klasse	Laufente
Gewicht (Erpel)	1,6–2,3 kg
Gewicht (Ente)	1,4–2 kg
Nutzung	Legeente
Farbschlag	wildfarbig und eine Reihe weiterer, stabiler Farbschläge
Herkunft	Indonesien
Flugfähigkeit	Gering
Eier	bis zu 200 Stück

Der 13. Earl of Derby führte 1835 diese Enten nach England ein und nannte sie wegen der aufrechten Körperhaltung „Pinguinenten". Sie legen Unmengen von Eiern, können nicht fliegen und in ihrer Heimat Indonesien versorgen sie sich frei laufend in den Feldern mit wirbellosen Tieren und Körnern. Schlachtenten wurden gepökelt und auf Segelschiffen exportiert. Diese Rasse spielte und spielt eine wichtige Rolle in der Entenzucht Südostasiens.

Die Laufenten wurden in Europa und Asien bekannt, nachdem John Donald in den 1890ern sie in seinem Text *The India Runner* nannte. Frühe Farbschläge waren rehbraun, gescheckt, weiß, grau und blau. In den USA (1898) und in Großbritannien (1901) wurde aber nur der beige-weiß gescheckte Farbschlag als Rassestandard akzeptiert. 1901 waren viele Laufenten bereits mit lokalen Wildenten oder Hausenten gekreuzt worden. Erst seit 1909 importierte Joseph Walton seine Laufenten direkt aus Lombok und Java und stellte durch Zucht die originale Körperform und andere Merkmale wieder her.

Die Bedeutung der Indischen Laufenten kann nicht hoch genug eingeschätzt werden. Sie legen enorm viele Eier und brachten ungewöhnliche Gefiederfarben – Gene für dunkles, blaues, braunes und geschecktes Gefieder – in die Zucht ein. Damit beeinflussten sie die meisten „leichten" Entenrassen, von den khakifarbenen Campbell-Enten bis zu den

Welsh-Harlekin-Enten. Reinrassige Laufenten sind in zehn Farbschlägen in Deutschland, mit 14 in England sowie in den USA, Australien und Südafrika anerkannt. Die Indischen Laufenten sind sowohl bei Ausstellungszüchtern als auch bei Hobbyhaltern beliebt.

In der Regel lassen sich Indische Laufenten problemlos halten. Sie legen zwar nicht ganz so gut wie die Campbell-Enten, bringen es aber auf bis zu 200 Eier pro Jahr. Sie halten den Garten schneckenfrei und leben im Vergleich zu anderen Enten mehr an Land als auf dem Wasser. Sie haben aber auch Nachteile: Sie denken gar nicht daran, ein hübsches Nest zu bauen und ihre Eier hineinzulegen. Sie legen das Ei mitten auf die Wiese und lassen es für Krähen und Elstern liegen. Zum Glück legen Sie meist vor 8 Uhr morgens; wer sie also danach aus dem Stall lässt, hat gute Chancen, die Eier zu finden. Zum Ausbrüten brauchen Sie entweder eine gute Brutente oder einen Brutschrank. Laufenten werden mit speziellen Pellets gefüttert (siehe S. 40).

Auch Erpel können problematisch werden. Ein Pärchen kommt wunderbar miteinander aus; auch eine Entengruppe mit einem Erpel macht kaum Schwierigkeiten, solange er sich ausschließlich mit einer Ente abgibt. Dagegen sind mehrere Erpel unerträglich. Wenn die Erpel während der Brutzeit ein paarungsbereites Weibchen entdecken, fallen alle über die Ente her. Sie wird bedrängt, gequetscht, es kann zu Schäden im Eikanal kommen – bis zur Massenvergewaltigung im Wasser, die mit dem Tod der untergetauchten Ente enden kann. Englische Entenzüchter halten sich an die Regel: „Ein Erpel gut, mehr Erpel schlecht!"

Zur Not müssen Sie die Erpel in ein separates Gehege sperren. Die (unbelästigten) Enten werden es Ihnen danken.

Bali-Ente

Merkmale	
Klasse	Leicht
Gewicht (Erpel)	2,3 kg
Gewicht (Ente)	1,8 kg
Nutzung	Legeente
Farbschlag	verschiedene
Herkunft	Indonesien (Bali)
Flugfähigkeit	nicht flugfähig
Gefährdungsgrad	Erst kürzlich aus Schopf- und Indischen Laufenten gezüchtet
Eier	100–200

Die Enten von der indonesischen Insel Bali wurden in den 1920er-Jahren zusammen mit Indischen Laufenten aus Lombok und Java von Miss Chisholm und Miss Davidson nach Großbritannien eingeführt. Sie erwiesen sich als wertvolle Zuchtenten, um die Blutlinie der von Joseph Walton eingeführten Tiere (1909) aufzufrischen. 1925 wurde das Foto einer weißen Bali-Ente in *The Feathered World* abgedruckt. Sie glich einer Indischen Laufente, war vielleicht etwas stämmiger, hatte eine Haube und ihr Schnabel war nicht so gerade. Dennoch war ihr Charakter als Laufente eindeutig – bis auf den kleinen, kugeligen Schopf am Hinterkopf. Die moderne Bali-Ente verhält sich ähnlich wie die Indischen Laufenten (Gegenseite). Der Schopf geht auf ein Letalgen zurück, das auf S. 85 beschrieben wird.

Es ist ungeklärt, ob sich Reste der ursprünglichen Population erhalten haben. Die Neuzüchtung aus Indischen Laufenten und Schopfenten sieht jedenfalls genauso aus.

Pekingente

Merkmale	
Klasse	Schwer
Gewicht (Erpel)	4,1 kg
Gewicht (Ente)	3,6 kg
Nutzung	Tafelente
Farbschlag	weiß
Herkunft	China
Flugfähigkeit	nicht flugfähig
Gefährdungsgrad	Größter Bestand in D
Eier	70–150

Peking – eigentlich Beijing – ist die Hauptstadt Chinas. Dort wurden seit 2000 Jahren Enten gezüchtet und zubereitet (die klassische „Pekingente" ist weltweit berühmt). Die ersten Besucher aus dem Westen berichteten, sie seien so groß wie kleine Gänse. Um 1872/73 wurden sie in Großbritannien und Amerika eingeführt.

Die Pekingenten halten sich aufrecht, wirken „kuschelig", haben Pausbäckchen und einen kurzen, „lächelnden" Schnabel. Das dichte Federkleid täuscht eine größere Körperfülle vor. Vor allem die üppigen Halsfedern verbergen den Schwung des Halses. Gut gefütterte Vögel mit neuem, sauberem Gefieder sehen wunderschön aus. Beim genauen Hinsehen haben die weißen Federn einen leichten kanariengelben Anflug.

Die in Europa, vor allem in Deutschland, gezüchteten Deutschen Pekingenten halten sich sehr aufrecht und haben etwas „Teddybärhaftes". Die amerikanische Version erinnert eher an eine Kreuzung mit der Aylesbury-Ente (vielleicht stimmt das auch). Kreuzungen zwischen Peking- und Aylesbury-Enten spielen in der Produktion von Tafelenten beiderseits des Atlantiks eine große Rolle. James Rankin, der Vater der amerikanischen Pekingenten-Industrie, hat eine kommerziell nutzbare Hybridente gezüchtet, um die Dominanz der Aylesbury-Enten zu brechen. Sie ist widerstandsfähiger und weist nicht die Nachteile der Inzuchtlinien auf. Hieraus ergaben sich neue Möglichkeiten für die maßgeschneiderte Zucht von Nutzenten im 20. Jh.

Bei den weißen Enten werden die Gene für die Gefiederfarben von rezessiven Farblos-Genen unterdrückt. Werden sie mit farbigen Rassen gekreuzt, verschwindet das Weiß zugunsten der unterdrückten Färbung. Es gibt Enten mit Lätzchen, schwarze, wildfarbene (Stockente) und helle Formen. Der holländische Künstler und Geflügelexperte C. S. T. Van Gink vermutet, dass die französische Rouen-Clair-Ente aus einer Kreuzung zwischen Rouen- und Pekingente hervorgegangen ist. Wahrscheinlich hat er recht. Eine blaue Version der Rouen-Clair ist die sogenannte Sachsen-Ente, bei der vermutlich Rouen-, blaue und Pekingenten gekreuzt wurden. Auch die silberne Appleyard-Ente dürfte ähnlich entstanden sein.

Diese großen Entenrassen sind etwa gleich groß und halten sich aufrecht – eine Mittelstellung zwischen Rouen- und Pekingente. Und sie entstanden erst, nachdem die Pekingente nach Europa eingeführt wurde.

Die Pekingente wird beiderseits des Atlantiks in Geflügelschauen gezeigt. Für den Halter hat das flaumige Gefieder einen Nachteil: Zum Schlafen legen sich die Enten ausgestreckt hin, denn die Halsfedern machen es ihnen fast unmöglich, den Kopf auf die Schulter zu legen. Diese Haltung sieht nicht nur merkwürdig aus, die Enten sind auch anfälliger für Parasiten, vor allem für die Europäische Vogelmilbe. Das Gefieder leidet im Schlamm, insbesondere um die Augen. Daher brauchen Pekingenten Wasser, damit sie bei hohen Temperaturen weder überhitzen noch dehydrieren. Sorgen Sie für Schatten im Gehege und achten Sie auf Parasiten.

Krummschnabelente

Merkmale	
Klasse	Leicht
Gewicht (Erpel)	2–2,25 kg
Gewicht (Ente)	1,6–2 kg
Nutzung	Legeente
Farbschlag	wildfarben oder weiß
Herkunft	Niederlande
Flugfähigkeit	kann fliegen
Gefährdungsgrad	selten (Großbritannien)
Eier	100–200

Im Vergleich mit einer wilden Stockente sehen die meisten europäischen Entenrassen merkwürdig aus, die Krummschnabelente bildet keine Ausnahme. Ihr verlängerter Schnabel ist auf einem flachen Kreisbogen nach unten gebogen. Sie ist klein und kann fliegen, daher muss ein Flügel gestutzt werden (siehe S. 37). Die Enten schließen sich in einer Gruppe relativ eng zusammen, sie sind ruhig, kaum aufdringlich und sehr zahm. Die Entenküken stellen sich gern rund um einen menschlichen Besucher auf und zupfen an seinen Schnürsenkeln. Sie werden viel zu selten als Haustiere gehalten.

Ihre genaue Herkunft ist umstritten. Vermutlich stammten sie aus dem Fernen Osten und gelangten über die Handelskanäle der Holländischen Ostindienkompanie nach Europa. Dafür spräche auch, dass sie zunächst in den Niederlanden verbreitet waren. Die Kompanie unterhielt zwischen 1602 und 1800 enge Beziehungen nach Südostasien. Francis Willughby und William Ellis erwähnen die Krummschnabelenten 1678 bzw. 1750. Damals hatte sich die Aylesbury-Ente noch nicht durchgesetzt und die Vorläufer der Rouen-Ente waren nur beim Landadel beliebt.

Willughbys Ente hatte stockentenähnliches Gefieder und Augenstreifen, die den modernen Krummschnabelenten fehlen. Es könnte sich sowohl um den Urtypus als auch um eine Kreuzung mit Stockenten gehandelt haben. Bei der modernen Rasse gleicht die Grundfarbe des Gefieders einer dunklen Campbell-Ente. Das weiße Lätzchen kommt häufig vor (in Deutschland zählt es als Rassestandard), es gibt aber auch rein weiße Formen. Angeblich sollten Entenjäger am weißen Lätzchen fliegende Krummschnabel- von wilden Stockenten unterscheiden können – eine hübsche Legende.

Während die Rasse früher in Teilen Nordhollands und Deutschlands sehr intensiv gezüchtet wurde, wird sie heute nur noch zur Zierde oder als Haustier gehalten. Trotz der Schnabelform suchen sie ihr Futter selbst. Wer eine ruhige Ente möchte, die gut legt und einfach zu halten ist, wäre mit einer Krummschnabelente bestens bedient. Vermutlich handelt es sich um die älteste reine Rasse Europas und sollte unbedingt erhalten bleiben. Die seltene Rasse wurde vor Kurzem in den USA eingeführt.

Cayuga-Ente

Merkmale	
Klasse	Schwer
Gewicht (Erpel)	3,6 kg
Gewicht (Ente)	3,2 kg
Nutzung	Tafelente
Farbschlag	schwarz
Herkunft	USA
Flugfähigkeit	nicht flugfähig
Gefährdungsgrad	bedroht (USA)
Eier	100–150

Das Gefieder der Cayuga-Ente sieht spektakulär aus. Das Pigment farbt die Federn schwarz, doch die physikalischen Eigenschaften der Federoberfläche brechen das Licht und lassen das Gefieder je nach Lichteinfall leuchtend grün schimmern. Der Farbton ändert sich mit dem Betrachtungswinkel.

Frühe Beobachter beschreiben eine große Ente mit schwarzem Gefieder am Cayugasee in Nordamerika. Es dauerte Jahre, bis die perfekte Gefiederfärbung herausgezüchtet war und sich die Ente für die Tafel oder als Ausstellungstier eignete. Vermutlich geht die Färbung auf die amerikanische Dunkelente (*Anas rubripes*) zurück. Sie ist eng mit der Stockente verwandt und kann sich sogar spontan mit ihr verpaaren. Allerdings ist die Dunkelente nicht richtig schwarz, sondern eher tief dunkelgrau; die Färbung des Gefieders ist geschlechtsspezifisch. Es gibt noch keinen wissenschaftlichen Beleg, dass die Dunkelente tatsächlich ein wilder Vorfahr der Cayuga-Ente ist.

In Amerika werden schwarze Enten bereits seit 1809 beschrieben. In England tauchten in den 1840er-Jahren große schwarze Enten mit weißem Lätzchen auf und auch die französische Duclair-Ente – schwarze Federn, weißes Lätzchen – aus dem 19. Jh. entspricht der Beschreibung. Es gibt keine Hinweise darauf, dass die Rassen miteinander verwandt sind. Sicher ist dagegen, dass William Cook in den 1890er-Jahren erfolgreich Indische Laufenten, Rouen- und Cayuga-Enten kreuzte und daraus nicht nur seine berühmten gelben Orpingtonenten, sondern auch blaue und schwarze Formen (mit Lätzchen) züchtete. Die blaue Orpington sieht ähnlich aus wie die deutsche Pommernente und die sogenannte blaue Schwedische Ente. Beide haben blaue Federn und ein weißes Lätzchen (die schwedische Form hat weiße Flügelspitzen).

Da sich Enten mit schwarzem Gefieder nur schwer vermarkten lassen, wurden die Cayuga-Enten in den USA nach 1873 durch die weißen Pekingenten ersetzt. Inzwischen ist die Cayuga-Ente wegen ihres schönen Gefieders auf Geflügelschauen gern gesehen. Sie ist in Deutschland, Großbritannien und den USA als Rasse anerkannt. Die ersten Eier sind schwarz gefärbt; Folgeeier sehen weiß oder grün aus.

Wie alle größeren Rassen suchen sich die Cayuga-Enten ihr Futter selbst und sind sehr ruhig, sofern sie gut aufgezogen wurden.

Warzenente

Merkmale	
Klasse	Schwer
Gewicht (Erpel)	4,5–6,3 kg
Gewicht (Ente)	2,3–3,2 kg
Nutzung	Zierente
Farbschlag	mehrere Farbschläge
Herkunft	Mittel- und Südamerika
Flugfähigkeit	flugfähig
Gefährdungsgrad	nicht gefährdet
Eier	70

Nachdem die Spanier die Moschusente vor 1500 in Mittel- und Südamerika entdeckt hatten, wurde sie in die ganze Welt exportiert. Es ist eine eigene Art (*Cairina moschata*), die nicht mit der Stockente verwandt ist. Bei Kreuzungen mit anderen domestizierten Enten entstehen kräftige, schnell wachsende Hybriden, die unfruchtbar bleiben. Hybriden tauchen gelegentlich im Verkauf als Tafelenten auf.

Die wilde Moschusente ist eine Schwimmente, die mit den weiß geflügelten Brautenten und den Hartlaubenten verwandt ist. Die Wildfarbe ist durchgängig schwarz, einige der Flügeldeckenfedern können weiß sein.

Im Gesicht der Erpel fallen rote, warzenartige Hautlappen und eine aufstellbare Stirnhaube auf. Warzenenten sind ziemlich schwer, haben kurze Beine, große Flügel und eine horizontale Haltung. Sie können ausgezeichnet fliegen, nur manche Erpel sind zu schwer. Enten und leichte Erpel sollten zur Sicherheit gestutzt werden (siehe S. 37). Im Unterschied zu anderen domestizierten Enten sitzen sie gern auf der Stange. Krallen und Schwimmhäute zeigen, dass sie sowohl zupacken als auch gut schwimmen können.

Als die Spanier den Kontinent eroberten, war die Moschusente längst zur Warzenente domestiziert. Auf Guadeloupe beschreibt Diego Alvarez Chanca 1494 eine weiße Rasse. Gewöhnlich sind die domestizierten Warzenenten größer als ihre wilden Verwandten. Bei ihnen sind die Hautlappen stärker entwickelt, was zu Sehschwierigkeiten führen kann. In manchen Ländern werten Juroren Erpel mit zu starken Auswüchsen ab.

Es gibt viele Farbschläge, die sich allerdings anders vererben als bei den Nachkommen der Stockente. Zurzeit gelten die Wildfarbe (Schwarz), Weiß, Gescheckt, Schwarz, Blau wildfarben, Blau gescheckt, Blau, Perlgrau wildfarben, und Braun wildfarben als rassespezifische Farbschläge. Bei allen Farben zeigen sich weiße Flecken auf den Flügeln, die sich im Alter stärker ausbreiten. In denselben Farben kommen Muster wie bei den Elstern und rein weiße Formen vor. In den Beschreibungen amerikanischer und englischer Züchter werden auch weißköpfige Formen und andere seltene Mutationen erwähnt.

Warzenenten werden vorwiegend als Tafelenten gezüchtet; vor allem australische Züchter legen großen Wert auf große Vögel. Die deutlich kleineren Enten legen etwa 70 große, weiße Eier. Sie brüten gut und sind fürsorgliche Mütter. Nach 35 Tagen schlüpfen die Jungen aus. Sowohl Erpel als auch Enten sind eher leise.

Warzenenten suchen ihr Futter selbst, brauchen aber proteinreiches Beifutter; in der Natur fressen sie Krebse, Fische und Termiten. Nicht alle Erpel verhalten sich friedlich, wenn sie mit anderen Rassen zusammenleben, und sie belästigen häufig die Enten.

Moderne Tafelenten

Rouen-Clair-Ente

Merkmale	
Klasse	Schwer
Gewicht (Erpel)	3,4–4,1 kg
Gewicht (Ente)	2,9–3,4 kg
Nutzung	Tafelente
Farbschlag	wildfarben (Stockente)
Herkunft	Frankreich
Flugfähigkeit	nicht flugfähig
Gefährdungsgrad	wird in F gehalten
Eier	über 150

Bei den Rassestandards Deutschlands und Frankreichs wird noch mehr Wert als üblich auf die präzise Beschreibung des Gefieders gelegt. Die Brustfedern sind rotbraun mit zartem weißem Saum, der Bauch hellgrau in Weiß übergehend, die Flanken silbergrau geperlt, der Rücken dunkelgrau und der Bürzel schwarz. Diese Farbenspiele kommen bei wilden Stockenten oder Rouen-Enten nicht vor. Dafür gibt es ähnliche Farbmutationen bei Rassen aus dem fernen Osten, wie bei Peking- oder Laufenten. Die Enten haben weiße Augenstreifen und eine weiße Kehle; auf jeder Feder zeichnet sich ein dunklerer Winkel ab.

Die Rouen-Clair-Ente ist eine moderne Nutzrasse, die zwischen 1910 und 1920 von René Garry gezüchtet wurde. Er begann die Zucht mit einer Auswahl von Dorfenten und züchtete sie mit zunehmender Körpergröße und stabiler Gefiederfarbe (*clair*). Er brauchte zehn Jahre und mehrere Zuchtlinien, darunter auch Kreuzungen zwischen Stockenten und Rouen-Enten. Erst 1923 wurde seine Züchtung mit einem Gewicht von über 4,5 kg in Frankreich als Rasse anerkannt.

Die Rouen-Clair-Ente ist in Frankreich beliebter als in England, hier gibt es nur wenige Exemplare. Die Rasse wächst schnell und ist eine gute Nutzente.

Sachsen-Ente

Die Sachsen-Ente gleicht in Gewicht, Körperform und -haltung und in der Gefiederfarbe der Rouen-Clair-Ente, verfügt aber über zwei Gene, die aus dem schwarzen Pigment ein blasses Taubenblau machen.

Die wunderschöne Rasse ist erst seit den 1930er-Jahren bekannt. Damals (1934) zeigte Albert Franz seine Enten in einer Geflügelschau in Chemnitz-Altendorf. Er hatte durch sorgfältige Zucht aus blauen Pommernenten (blaue Farbe) und Kreuzungen zwischen Rouen- und Pekingenten (Körperform, jahreszeitliche Gefiederfarbe).

Bei den Weibchen hat das „Verblassen-Gen" einen anderen Effekt: Ihr Gefieder zeigt sich in einem Erbsengelb. Die Federzeichnungen sind stark verblasst, sodass sie mit der gelblichen Grundfärbung verschmelzen. Der Schnabel des Erpels ist gelb mit grüner Tönung und heller Bohne. Der Halsring des Erpels muss rund um den Hals geschlossen sein und bei den Weibchen dürfen sich keine Anzeichen weißer Farbe von Hals bis Brust zeigen.

Die Sachsen-Ente ist eine gesunde Rasse. Sie wächst schneller als traditionelle Rouen-Enten und setzt früher Gewicht an – ideal als Tafelente. Die ausgewachsenen Vögel sind nicht ganz so schwer und schwerfällig wie die Rouen-Enten. Sachsen-Enten sind aktiv und legen bis zu 150 Eier im Jahr, solange sie nicht unter Inzucht leiden. Die Rasse wurde 1957 in Deutschland, 1982 in Großbritannien und 1984 in den USA als Rasse anerkannt.

Merkmale	
Klasse	Schwer
Gewicht (Erpel)	3,6 kg
Gewicht (Ente)	3,2 kg
Nutzung	Tafelente
Farbschlag	blau-gelb
Herkunft	Deutschland
Flugfähigkeit	nicht flugfähig
Gefährdungsgrad	kritisch (USA)
Eier	bis 150

Appleyard-Ente

Merkmale	
Klasse	Schwer
Gewicht (Erpel)	3,6–4,1 kg
Gewicht (Ente)	3,2–3,6 kg
Nutzung	Tafelente
Farbschlag	silbern
Herkunft	Großbritannien
Flugfähigkeit	nicht flugfähig
Gefährdungsgrad	selten (Großbritannien)
Eier	150

Reginald Appleyard war um die Mitte des 20. Jhs. ein einflussreicher Züchter. Er schrieb Bücher über Aufzucht von Gänsen und Enten, erhielt Auszeichnungen für sein Wassergeflügel und unterhielt ein florierendes Geschäft in Ixworth (Suffolk, Großbritannien).

Die große Entenrasse, die seinen Namen trägt, birgt ein Geheimnis. Er erwähnt die Rasse nicht in seinen Büchern und es gibt kaum Hinweise auf den Verlauf der Zucht. Zu seinen Lebzeiten wurde die Rasse nicht in den Rassestandard aufgenommen und war bis gegen Ende des 20. Jhs. fast verschwunden. In den 1970er-Jahren wurden Abacot Rangers (Streicherenten) importiert und in Großbritannien als „Silberne Appleyard-Enten" verkauft.

Appleyard selbst beschreibt seine Enten nur sehr kurz in einer Anzeige (um 1947): „Bestens zur Zucht einer herrlich aussehenden neuen Rasse zu gebrauchen. Eine Kombination aus Schönheit, Größe, vielen großen, weißen Eiern, weißer Haut und langen weißen Brüsten. Die Vögel haben Preise in Geflügelausstellungen von Bethnal Green und London gewonnen; neun Wochen alte Enten, tot, gekühlt und gerupft wiegen etwa 3 kg." Wahrscheinlich hat Appleyard die Farbgene aus den Pekingenten in die Rasse eingezüchtet. Die Enten auf Fotos von asiatischen Märkten sehen wie Appleyard-Enten aus.

Die modernen Appleyard-Enten sind eine Neuzüchtung: Tom Bartlett auf der Folly Farm in Gloucestershire benutzte die Reproduktion eines Bildes von Ernest Wippell (1947) als Vorbild – es zeigt Appleyards und hellfarbige Stockenten auf einem Markt – und reproduzierte die berühmte Rasse. Ihm gelang außerdem die Zucht einer Zwergform. Seit 1982 ist die große Rasse im Standard aufgenommen.

Die oben genannten Merkmale gehen bei unsachgemäßer Zucht verloren. Heute sind die Appleyard-Enten wieder sehr beliebt und werden in Geflügelschauen in Großbritannien und den USA gern gezeigt.

Blaue Schwedische Ente

Merkmale	
Klasse	Schwer
Gewicht (Erpel)	3,6 kg
Gewicht (Ente)	3,2 kg
Nutzung	Tafelente
Farbschlag	blau
Herkunft	Europa
Flugfähigkeit	nicht flugfähig
Gefährdungsgrad	Bestandsbeobachtung
Eier	bis 150

Blaues Gefieder taucht im 19. Jh. bei mehreren Rassen in Europa auf. Die Farbvariante geht mit dem Import der ersten asiatischen Rassen einher. Bereits im 17. Jh. zeigen holländische Gemälde gescheckte Enten. Möglichweise gelangten damals die ersten Laufenten mit den Holländern oder Portugiesen über die ostindischen Handelswege nach Europa. Lord Berwick besaß im 19. Jh. Laufenten mit matt blauem und blau-schwarzem Gefieder. William Cook „schuf" um 1890 daraus die blauen Orpington-Enten aus Aylesbury-, Rouen- und Cayuga-Enten. Die Cayuga-Enten steuerten die schwarze Komponente bei; die Gene für blaues Gefieder dürften von den Laufenten stammen. Im Laufe der Zeit wurden verschiedene blaue Rassen gezüchtet: Termonde-, Merchtem-, Huttegem-, Pommern-, Blaue Schwedische und sogar blaue Lancashire-Enten (1860).

In Großbritannien ist nur noch die Blaue Schwedische Ente als Rasse anerkannt, die etwa der deutschen Pommern-Ente entspricht. Beide Rassen stammen aus der Küstenregion der Ostsee, die zum Einflussgebiet des schwedischen Königreichs gehörten. Es sind große Enten mit blauem Gefieder und weißen Brustlätzchen. Bei der Schwedischen Ente kommen mehrere weiße Handschwingenfedern dazu. Kleinere Rassen wie die deutschen Gimbsheimer Enten und die belgischen Blue Forest haben keine weißen Federn.

Genetisch handelt es sich um schwarze Enten, deren Pigment durch eine Mutation nach Blau verblasst. Bei der Kreuzung zweier Schwedischer Enten geschieht etwas Merkwürdiges: Die Entenküken sind schwarz, blau und hell blau-weiß. Aus der Kreuzung schwarzer Enten gehen schwarze Küken hervor; aus hell blau-weißen mit hell blau-weißen werden auch hell blau-weiße Küken. Kreuzt man allerdings schwarze mit hell blau-weißen Enten, sind alle Küken tief dunkelblau.

Schwedische Enten wachsen schnell; es sind plumpe Vögel mit aufrechter Haltung. Bei der Zahl der Eier reichen sie an die Sachsen-Enten heran – etwa 150 Stück pro Jahr. Blaue Schwedische Enten sind auf Geflügelschauen gern gesehen; in den USA ist die Rasse seit 1904 anerkannt. Allerdings konnte der Standard erst 1982 durch Importe an den englischen Rassestandard angeglichen werden. Um die Standardfarbe rein herauszuzüchten, sind große Mengen an Vögeln erforderlich, was viele Hobbyzüchter abschreckt.

Schwarze, schokoladenbraune und dunkelblaue Farbschläge leiden unter den Umweltbedingungen. Bei älteren Enten mischen sich mehr und mehr weiße Federn ins Gefieder, bis sie beinah farblos aussehen. Damit eignen sie sich immer noch für die Zucht, können aber nicht mehr ausgestellt werden.

Moderne Legeenten

Campbell-Ente

Merkmale	
Klasse	Leicht
Gewicht (Erpel)	2,3–2,5 kg
Gewicht (Ente)	2–2,3 kg
Nutzung	Legeente
Farbschlag	khakifarbig, weiß, dunkel (Großbritannien)
Herkunft	Großbritannien
Flugfähigkeit	kann fliegen
Eier	bis 300

Die Campbell-Enten waren zwar nicht die erste, speziell gezüchtete Legerasse, aber sie haben sich als wichtigste leichte Rasse durchgesetzt. Bei Preisverleihungen für die Ente mit den meisten Eiern gewannen die khakifarbenen Campbell-Enten zwischen 1920 und 1930 die meisten Ehrenpreise. Diese „Wettbewerbe" fanden nicht offiziell statt, sie waren eher Wetten zwischen züchtenden Kollegen.

Die Geschichte der Rasse begann mit der Frau eines Arztes. Mrs. Campbell aus Uley in Gloucestershire suchte nach Enten, die sie ihrem Mann und den Kindern braten konnte. Für ihre Zucht hatte sie nur eine weibliche Indische Laufente, die nicht besonders gut aussah, aber in 197 Tagen 195 Eier legte. Diese Ente kreuzte sie mit einem Rouen-Erpel. Der Rest ist Geschichte: Die ersten Nachkommen glichen den modernen Streicherenten (sie wurden erst später aus den khakifarbenen Campbell-Enten als Rasse gezüchtet). Deren Nachkommen verpaarte Mrs. Campbell mit wilden Stockenten und dann wieder mit Indischen Laufenten. Heraus kam eine hellbraune Ente. Sie war enttäuscht, hatte sie doch auf eine lederfarbene Ente, wie die von William Cook gehofft. Mrs. Campbell fand die Farbe eher Khaki und nannte die Enten sehr patriotisch nach den Uniformen der britischen Soldaten, die gerade im zweiten Burenkrieg in Südafrika kämpften, „Khaki-Campbell-Enten".

Alle Farbschläge der Campbell-Ente sind dunkler als die Wildfarbe der Stockenten. Enten, Küken und ältere Erpel haben keine Augenstreifen. Im Unterschied zur weißen Form haben sie graubraune Armschwingen und keinen blauen Flügelspiegel. Die Deckfedern unter dem Flügel sind eher hellgrau als cremeweiß. Erpel besitzen weder ein Lätzchen noch einen Halsring. Seit 1943 gibt es einen „dunklen" Farbschlag. Er ist wie eine wilde Stockente gefärbt und nicht wie oben beschrieben. Schulter und Körper der Enten sind hellbraun mit dunkleren Zeichnungen. Der Erpel ist sogar noch dunkler; sein Kopf schimmert in einem grün-bronzenen Ton.

Campbell-Enten sind leichte Legeenten, wie die Welsh-Harlekin- und Streicherenten. Sie haben eine halb aufgerichtete Körperhaltung, etwa zwischen Lauf- und Rouen-Ente. Auch Kopf- und Körperform liegen etwa zwischen den beiden Elternrassen. Der Schnabel ist ziemlich gerade, der Kopf runder, aber nicht schwer, Brust und Bauch rundlicher als bei den Laufenten. Campbell-Enten sind lebhafte, kleine Vögel. Sie suchen sich ihr Futter selbst und die Enten sind bekannt dafür, viele weiße Eier zu legen.

Natürlich kommen die reinrassigen Campbell-Enten nicht an die 200–300 Eier pro Jahr heran, die kommerziell gezüchtete Hybride legen, aber mit dem richtigen Futter (siehe Seite 40) legen sie bestens. Frei laufende Tiere, die sich selbst versorgen, bleiben fit, leben länger und legen bis zu vier Jahre lang reichlich Eier – danach nimmt die Zahl ab. Campbell-Enten brüten selten und sitzen nicht besonders gern auf dem Nest; obwohl sie speziell zu Legezwecken gezüchtet wurden. Kommerzielle Züchter verkaufen regelmäßig weibliche Tiere.

Streicherente

Merkmale	
Klasse	Leicht
Gewicht (Erpel)	2,3–2,5 kg
Gewicht (Ente)	2–2,3 kg
Nutzung	Legeente
Farbschlag	silber-wildfarben
Herkunft	Großbritannien
Flugfähigkeit	unwahrscheinlich
Gefährdungsgrad	selten (Großbritannien)
Eier	über 200

Die Streicherente wurde aus spontan mutierten khakifarbenen Campbell-Enten gekreuzt; anschließend wurde eine weiße Indische Laufente eingekreuzt. Solche Mutationen – von Züchtern Sports genannt – treten auf, wenn bei der Zucht reinrassiger Tiere entweder ein fremder Erpel „seine Chancen wahrnimmt" oder wenn rezessive Gene in einer Population plötzlich als Phänotyp sichtbar werden. Ob die „silberne" Farbe von den Campbell- oder den Laufenten stammt, lässt sich kaum mehr feststellen. Das Produkt dieser Kreuzung sah jedenfalls so aus wie auf älteren Darstellungen der „originalen" Campbell-Enten.

Die Geschichte der Streicherenten beginnt folgendermaßen: Oscar Gray, der Besitzer der Abacot Entenfarm, züchtete 1917 eine neue Entenrasse (in England heißt die Rasse „Abacot Ranger"). Vielleicht war das Entenfutter während des Krieges zu teuer oder die Konkurrenz mit anderen Rassen zu groß, die Streicherente setzte sich jedenfalls nicht durch. Immerhin gewann sie Preise für die meisten gelegten Eier, so den Silver Cup im nationalen englischen Wettbewerb 1922–1923.

Mitte der 1920er-Jahre wurde die Abacot Ranger nach Deutschland eingeführt und von dem Züchter Lieker eingekreuzt. Seit 1934 wird sie als „Streicherente" in den deutschen Rassestandards geführt. Die englischen Abacots gehen auf reimportierte deutsche Streicherenten zurück und werden nach denselben Rassestandards weitergezüchtet, nachdem sie in England von der Bildfläche verschwunden waren.

In Australien sind die Streicherenten selten; die Züchter haben sie dort zur Elizabeth-Ente weitergezüchtet – Spitzname Lizzie. Sie gleicht der Streicherente, ist aber kleiner (tatsächlich eine der leichtesten Enten) und etwas farbiger. Obwohl sie als kleine Tafel-/Fleischente gezüchtet wurde, eignet sie sich bestens als freundliche Zierente.

Streicherenten haben alle Vorteile einer Campbell-Ente, sind aber leuchtender gefärbt. Die Enten werden sehr zahm und dulden die Nähe des Menschen, ohne jedoch ihre Fähigkeit zu verlieren, für sich selbst zu sorgen. Die Rasse eignet sich bestens als kleine Hausente, die sich über die Schnecken im Garten hermacht und zudem noch Eier liefert.

Welsh-Harlekin-Ente

Merkmale	
Klasse	Leicht
Gewicht (Erpel)	2,3–2,5 kg
Gewicht (Ente)	2–2,3 kg
Nutzung	Legeente
Farbschlag	creme-wildfarben
Herkunft	Großbritannien
Flugfähigkeit	unwahrscheinlich
Gefährdungsgrad	selten (Großbritannien)
Eier	über 200

Auch diese Rasse entstammt einer vermutlich „rassereinen" Gruppe von Campbell-Enten. Sie behielt die Gene für die braune Gefiederfarbe, glich jedoch den Streicherenten und anderen „silbernen" Formen.

Dem Luftwaffenoberst Leslie Bonnet in Herefordshire fielen die spontanen Mutationen als erstes auf. Er nannte seine Enten „Honey Campbell" und nach dem Umzug der Familie nach Nordwales Welsh-Harlekin. Seine Entenherde begann mit nur zwei Tieren, doch Bonnet zog damit ein sehr erfolgreiches Geschäft auf und verkaufte seine Enten in die ganze Welt.

Bonnet kreuzte seine Harlekin- mit Aylesbury-Enten zu einer Hybridrasse, die er Whalesbury-Hybriden nannte. Sie waren schwerer und einige trugen das Gefieder von Streicherenten mit einem blauen Flügelspiegel und hellerem Schnabel.

Nach einem Fuchsangriff 1968 kreuzte Bonnet seine verbliebenen Welsh-Harlekin- mit den Whalesbury-Hybriden. Zum Glück blieb die originale Blutlinie erhalten, denn einer seiner Kunden hatte eine eigene Herde aufgebaut: Edward Grayson aus Lancashire. Um die Vitalität der ursprünglichen Honey Campbell Enten wiederherzustellen, kreuzte er wieder khakifarbene Campbell-Enten ein. Der Versuch war sinnvoll, denn die Welsh-Harlekin-Enten waren den Campbell-Enten genetisch sehr ähnlich. Durch kontinuierliche Rückkreuzungen stellte er die reinrassigen Welsh-Harlekin-Enten wieder her, ohne das Risiko der Inzucht einzugehen. Seine eigene Herde nannte er „Harlekin Campbells".

Die meisten heute gehaltenen Welsh-Harlekin-Enten gehen auf die Zucht von Eddie Grayson zurück. Er gründete einen Welsh Harlequin Duck Club, der die Rassemerkmale wiederherstellte. Der neue Rassestandard wurde 1986/87 bei der British Waterfowl Association eingereicht und in die *British Poultry Standards* aufgenommen (1997). Welsh-Harlekin legen über 200 weiße Eier pro Jahr. Seit 1968 werden sie in den USA gezüchtet und sind in Deutschland und Australien als Rasse anerkannt.

Orpington-Ente

Merkmale

Klasse	Leicht
Gewicht (Erpel)	2,2–3,4 kg
Gewicht (Ente)	2,2–3,2 kg
Nutzung	Lege- und Tafelente
Farbschlag	gelb
Herkunft	Großbritannien
Flugfähigkeit	nicht flugfähig
Gefährdungsgrad	selten (UK),
Eier	über 200

Die erste Nachricht über die Orpington-Ente stammt vom März 1898, als William Cook aus Orpington Enten und Eier seiner gelben und blauen Rassen zum Verkauf anbot. In den Nachrichten zu den Rassestandards im 20. Jh. werden diese frühen Hinweise allerdings nicht übernommen.

Vor seinen Erfolgen mit den Orpington-Enten hatte Cook bereits mit anderen Kreuzungen experimentiert. In seinem 1894 erschienenen Buch *Ducks: and how to make them pay* beschreibt er mehrere interessante Kreuzungsversuche: Rouen–Aylesbury, Peking–Rouen, Peking–Aylesbury, Warzenente–Aylesbury, Stockente–Rouen. Außerdem war er ein Fan von Indischen Laufenten und versuchte, verschiedene Blutlinien in seine Zucht einzukreuzen (Lauf-, Cayuga-, Aylesbury-, Rouen- und später Pekingenten). Daraus resultierte in den späteren Generationen ein ganzes Kaleidoskop von Farbmischungen. Er wollte einen großen Pool an interessanten Varianten züchten und sie dann durch Kreuzungen gleichfarbiger Tiere nach dem Prinzip „Versuch und Irrtum" zu einer stabilen Linie züchten. Obwohl die moderne Genetik die Vererbung durchsichtiger gemacht hat, war Cook ein Pionier, der spektakuläre Erfolge vorweisen konnte.

Die erfolgreichste Orpington-Ente war sicher der berühmte „gelbe" Farbschlag. Sie war der perfekte Kompromiss zwischen den viele Eier legenden Indischen Laufenten und den muskulösen Körpern der Aylesbury- und Rouen-Enten. Orpingtons waren echte Zwieenten: Sie kosteten weniger im Unterhalt, waren widerstandsfähiger als die schweren Rassen und legten mehr Eier, was den Kleinbauern und privaten Haltern zugute kam. Wenn ihr Gefieder von der Sonne beschienen wird, sehen sie aus wie Gold.

Leider vererbt die gelbe Orpington-Ente die Farbe nicht rein. Dieses Problem erkannte bereits 1926 A. F. M. Stevenson, eine Kapazität unter den Züchtern. Gelbe Eltern konnten grundsätzlich drei verschiedene Küken bekommen: zart oliv-gelb mit gelbem Schnabel, hellgelbe Daunen mit gelbem Schnabel und bräunliche Daunen mit dunkelbraunem Schnabel und Beinen. Erst 1963 wurde die Genetik der Orpington-Enten endgültig aufgeklärt und 1980 beschrieb F. M. Lancaster die Zusammenhänge nochmals in seinem Artikel „Revitalizing the Buff Orpington".

Wenn die Küken heranwachsen, bilden sie folgende Farbvarianten aus:

Gelb (Buff) Mittlere Kopffarbe bei den Erpeln – schokoladenbraun mit grauen Anteilen und ein Hauch Blau am Bürzel. Bei beiden Geschlechtern ist die Körperfarbe gelb; die Federn können etwas dunkler gezeichnet sein.

Blond Die Erpel sind hellgelb mit hellgrauem Kopf und etwas stärker ausgeprägtem Blau auf dem Bürzel. Die Enten sind heller und die Federn kaum gezeichnet.

Braun Die Enten haben khakifarbene Zeichnungen auf den Federn; die Erpel braune Köpfe und Bürzel, aber keine Spuren von Blau.

In den USA wird die Rasse als „Buff" bezeichnet. Die Enten wurden 1908 eingeführt und 1914 als Rasse anerkannt. Auch in Deutschland und Australien sind die gelben Orpington-Enten sehr beliebt.

Schopfente

Merkmale	
Klasse	Leicht
Gewicht (Erpel)	3,2 kg
Gewicht (Ente)	2,7 kg
Nutzung	Zwieente
Farbschlag	unterschiedlich
Herkunft	unbekannt
Flugfähigkeit	nicht flugfähig
Gefährdungsgrad	kritisch (USA)
Eier	150–200

Auf holländischen Gemälden des 17. Jhs. tauchen Enten auf, die eine Art Pompon auf dem Kopf tragen. Auch Charles Darwin berichtet von Enten aus dem Fernen Osten mit Hauben auf dem Kopf. Vielleicht wurde diese Rasse von der holländischen Ostindien-Kompanie aus Asien nach Europa eingeführt. Außer einigen Bildern sind keine schriftlichen Quellen bekannt. In den USA wurden die Weißen Schopfenten schon 1874 als Rasse anerkannt. Zu Beginn des 20. Jhs. gab es in Großbritannien einen eigenen Club. Seit 1910 ist die Rasse in Großbritannien anerkannt und wird auf Geflügelschauen gezeigt.

Die Schopfenten sind keine Rasse für Einsteiger. Es sind typische Zierenten, doch die Bildung des Schopfes ist die Folge eines „letalen Gens". Küken mit diesem Gen werden mit einem Loch im Kopf geboren. Das Fettgewebe über dem Gehirn dringt durch das Schädeldach nach außen und die Haut auf der Oberfläche bildet Federn – so entstehen die Schöpfe. Küken, die das Gen von beiden Eltern mitbekommen (homozygot), werden mit massiven Schäden oder tot geboren. Daher sollten nie zwei Schopfenten miteinander gekreuzt werden. In Geflügelschauen prüfen die Preisrichter die Wirbelsäule der Tiere: Viele Enten werden mit schiefen Hälsen, krummen Rücken oder verdrehten Schwänzen geboren. Andere bewegen sich unkoordiniert. Wenn das letale Gen durch das Gen des Partners kompensiert wird, kommen normale oder nur leicht geschädigte Küken zur Welt. In den Geflügelwettbewerben werden die Schopfenten fast nur nach der Qualität ihres Schopfes bewertet. Zuchtziel ist eine große, kugelige, möglichst einheitliche Haube in der Kopfmitte.

Die meisten Schopfenten werden zur Zierde gehalten, legen aber auch reichlich Eier.

Altrheiner Elsterenten

Merkmale	
Klasse	Leicht
Gewicht (Erpel)	2,75 kg
Gewicht (Ente)	2,25 kg
Nutzung	Zwieente
Farbschläge	reinweiß mit schwarz, blau, braun
Herkunft	Großbritannien
Flugfähigkeit	nicht flugfähig
Eier	150–200

Bei der Zucht der schwarz-weißen Magpie- (Großbritannien) oder Altrheiner Elsterenten (Deutschland) floss das Erbgut von schwarzen, braun-weißen Laufenten und Enten mit Lätzchen ein. Die perfekte Elsterente ist weiß mit einer schwarzen „Mütze", schwarzem Rücken, Bürzel und Schwanz; auch die Flügelschildfedern, die bei der ruhenden Ente die weißen Schwungfedern bedecken, sind schwarz.

Magpie-Enten waren von Anfang an als robuste, frei laufende Enten für kommerzielle Zwecke gedacht. Bei Legewettbewerben in den 1920er-Jahren nahmen sie keine Spitzenplätze ein und beim Gewicht liegen sie am oberen Ende der „leichten" Rassen. In den 20er- und 30er-Jahren tauchten Elsterenten häufig auf Ausstellungen auf; Reginald Appleyard propagierte sie als Rasse mit doppeltem Zweck („Zwieente"). Bis zur Wiederentdeckung in den 1980er-Jahren war die Rasse fast verschwunden. In Großbritannien wurde sie 1926, in den USA 1977 als Rasse anerkannt.

Reverend Gower Williams und Oliver Drake züchteten die Rasse kurz nach dem 1. Weltkrieg in Wales. Den schwarzen Farbschlag züchtete Paul-Erwin Oswald in den 1970er-Jahren in Gimbsheim nach.

Für Züchter stellt die Rasse eine echte Herausforderung dar. Schwarze Flecken an den falschen Stellen oder asymmetrische Muster machen die Enten bei Wettbewerben nahezu chancenlos.

Von einem guten Dutzend Küken erreichen nur sehr wenige die Ausstellungsreife. Die übrigen werden als Tafelenten oder Haustiere verkauft. Wer aber nicht an einer perfekten Zeichnung interessiert ist, erwirbt mit Elsterenten gute Legehennen und Zierenten. Inzwischen gibt es auch blaue und schokoladenbraune Farbvarianten.

Zwergformen

Zwergformen sind nur ein Drittel bis ein Viertel so groß wie die entsprechenden Rasseenten. Es sind attraktive, zahme Vögel, die sich gut als Zierenten eignen. Sie legen bis zu 80 Eier, also deutlich mehr als echte Zwergenten. Außerdem sind die Eier relativ groß und gut zu kochen. In Australien sind die Zwergformen der Sachsen- und Welsh-Harlekin-Enten sehr beliebt. In den USA wurden eine Blue-Indie- und Australian-Spotted-Ente gezüchtet, die trotz ihrer Namen nichts mit Australien oder gar mit den Westindischen Inseln zu tun haben!

Alle Zwergformen der üblichen Rassen müssen gestutzt werden (siehe S. 37). Es sind gute Zier- und nützliche Brutenten.

Silberne Zwerg-Appleyard-Ente

Merkmale	
Klasse	Zwergente
Gewicht (Erpel)	0,9 kg
Gewicht (Ente)	0,8 kg
Nutzung	Zierente
Farbschlag	silber
Herkunft	Großbritannien
Flugfähigkeit	flugfähig
Gefährdungsgrad	selten gehalten (Großbritannien)
Eier	30–80

In den 80er Jahren war die Zwergform der silbernen Appleyard-Ente sehr beliebt, inzwischen wurde eine „Miniaturform" gezüchtet, deren Gefieder der „großen" Appleyard noch ähnlicher sieht. Die Zwergform liegt in der Gefiederfarbe zwischen der Streicherente und der silbernen Zwergente. Die silberne Zwerg-Appleyard-Ente wurde in den 1940er-Jahren von Reginald Appleyard gezüchtet. Er kreuzte eine kleine Campbell-Ente mit einem weißen Zwergentenerpel. Eine Abbildung in Jean Delacours Buch *The Waterfowl of the World* (1964) zeigt ein Paar Zwerg-Appleyard-Enten: Während der Erpel der modernen Rasse sehr ähnlich sieht, gleicht die Ente eher der Miniaturform. Ihr braun gezeichnetes Gefieder ist stärker ausgeprägt und sie hat Augenstreifen.

Silberne Miniatur-Appleyard-Ente

Diese Rasse wurde von Tom Bartlett gezüchtet. Erste Fotografien der Rasse in der Zeitschrift *Fancy Fowl* zeigen wunderschöne weibliche Appleyards mit beinahe perfekter Gefiederzeichnung. Der Erpel hat einen sehr breiten Halsring, was möglicherweise auf eine gescheckte Zwergente in der Abstammung hindeutet. Die Miniaturenten wurden erstmals 1987 bei der ersten BWA Champion Waterfowl Exhibition in Malvern gezeigt. Zehn Jahre später wurden sie als Rasse anerkannt.

Die Rasse ist klein, zahm und eignet sich gut, um die Eier der echten Zwergenten auszubrüten. Es sind wunderschöne Zierenten für den Garten, die sich sowohl für den Einsteiger als auch den engagierten Züchter eignen. Das Zuchtziel sind Vögel, die nicht zu dunkel werden und reinrassig bleiben.

Die Miniatur-Appleyard-Enten legen erstaunlich viele Eier. Da sie sich gern auf die Eier setzen, müssen sie vom Nest ferngehalten werden. Wie die Zwergenten hält man sie während der Brutzeit am besten in einem kleineren Gehege oder im Garten unter Kontrolle. Sie legen nicht vor 9 Uhr und eine Ente könnte versuchen, ihre Eier in einem versteckten Nest auszubrüten und verloren gehen.

Merkmale	
Klasse	Zwergform
Gewicht (Erpel)	1,4 kg
Gewicht (Ente)	1,1 kg
Nutzung	Zierenten
Farbschlag	wildfarben
Herkunft	Großbritannien
Flugfähigkeit	flugfähig
Gefährdungsgrad	beliebt
Eier	80

Zwergenten

Merkmale	
Klasse	Zwergente
Gewicht (Erpel)	0,6–0,7 kg
Gewicht (Ente)	0,5–0,6 kg
Nutzung	Zierente
Farbschläge	zahlreich
Herkunft	wahrscheinlich Holland
Flugfähigkeit	flugfähig
Gefährdungsgrad	beliebt
Eier	0–30

Zwergenten sind klein, niedlich, kuschelig und ziemlich laut, zumindest die weiblichen Vögel. Ein Verzwergungsgen ist für die kleine Körpergröße, Schnabellänge, den runden, relativ großen Kopf, Pausbacken und den Körper verantwortlich, der an eine Quietscheente erinnert. Trotz ihrer geringen Größe hat die Rasse großes Selbstvertrauen. Die Vögel haben keine Angst vor Menschen und zeigen keinen Respekt. Erpel, die das Nest einer Ente verteidigen, geben Laut und greifen ohne zu zögern große Gummistiefel an. Eine hungrige, auf Futter wartende Ente läuft zwischen die Beine und verlangt Aufmerksamkeit. Tatsächlich besteht die Gefahr, auf eine Zwergente zu treten. Dennoch sind sie großartige Zierenten.

Die ersten Formen wurden als Lockenten genutzt, um wilde Stock-, Krick-, Pfeif- und andere Wildenten anzulocken. Da sie sich in der Gegenwart von Menschen wohlfühlten und laut riefen, ließen sich ihre wilden Verwandten in der Nähe nieder und wurden in großen, reusenartigen Netzfallen gefangen. Die ersten Zwergformen unterschieden sich kaum von den wilden Stockenten, waren aber bereits zahm und konnten als Lockenten eingesetzt werden. Am Ende der Zuchtbemühungen, nach Mutationen und selektiver Zucht – wahrscheinlich auch durch Einkreuzen fernöstlicher Rassen (Ende des 18. Jhs.) – entstanden die Zwergenten, die wir heute kennen.

Reverend Edmund Saul Dixon beschrieb 1848 eine „kleinere Rasse weißer Enten, die aus Holland importiert wurde". Andere vermuten, dass die Vögel aus Frankreich oder Italien stammen. Es gibt nur selten Enten mit einem dokumentierten Stammbaum, doch um 1865 war die Rasse rein genug, um den Rassestandard festzulegen. Damals gab es nur zwei Farbschläge: weiß und grau (wildfarben). Fast hundert Jahre lang verschwanden die Zwergenten aus den Rassestandards; sie spielten nur noch eine Rolle als „Ziervögel".

Heute spielen sie wieder in der ersten Liga mit. In Großbritannien werden die Zwergenten häufiger ausgestellt als andere Rassen, dicht gefolgt von Laufenten. Auch bei anerkannten Farbschlägen nehmen sie eine Spitzenstellung ein, wiederum gefolgt von den Laufenten. Wer hätte das von den kleinen, kurzbeinigen Enten erwartet? Die britische Gesellschaft für Wassergeflügel unterschied 2008 17 Varietäten von Zwergenten und 14 Laufenten.

Zwergenten, die für Geflügelschauen gezüchtet werden, legen nur wenige Eier und noch weniger Küken schlüpfen aus. Die Kombination aus Inzucht und extrem kleinen Eiern lässt kaum Spielraum für Fehler. Zwergformen der großen Rassen sind merklich besser zum Ausbrüten der Eier geeignet als ein Brutschrank. Auch Zwerghühner können die Eier ausbrüten, solange sie keine Löcher hineinpicken. Eine kontinuierliche Luftfeuchte ist wichtig, denn die Eier trocknen relativ leicht aus. Die Küken der Zwergenten befreien sich nicht so aktiv aus ihrer Eierschale wie Laufenten oder leichte Entenrassen. Die Zwergentenküken brauchen gute Pflege und müssen länger in ihren Brutgehegen gehalten werden als größere Rassen, sonst holen sich Krähen, Elstern, Raben und Katzen ihren Teil.

Aber auch erwachsene Zwergenten, vor allem der weiße Farbschlag, werden gern von Raubtieren erbeutet. Da Zwergenten fliegen können, müssen Sie ihnen einen Flügel stutzen (siehe S. 37) oder sie unter einem Geflügelnetz halten. Behalten Sie die Enten insbesondere während der Brutzeit im Auge: Sie suchen sich einen versteckten Platz, bauen ein Nest und sind verschwunden. Der Fuchs wird das Nest schneller finden als Sie. Wenn weibliche Enten während der Brutzeit schlecht aussehen oder träge wirken, könnten sie Probleme mit dem Eierlegen haben: Bringen Sie die Ente sofort zum Tierarzt.

Smaragdente

Merkmale	
Klasse	Zwergente
Gewicht (Erpel)	0,9 kg
Gewicht (Ente)	0,7–0,8 kg
Nutzung	Zierente
Farbschläge	schwarz
Herkunft	wahrscheinlich USA
Flugfähigkeit	flugfähig
Gefährdungsgrad	sehr beliebt
Eier	30–80

Die Smaragdente (Black East Indian in den USA und Großbritannien) ist etwas größer als die echte Zwergente, hat aber eine andere Körper- und Kopfform und spektakuläres Gefieder: tiefschwarz mit smaragdgrünem Schimmer. Sie ist etwas kleiner als die wilde Stockente und erinnert an eine kleine Cayuga-Ente. Paul Ives sagte: „1943 lud das Komitee drei professionelle Künstler auf die Geflügelschau in Boston ein ... sie kürten einen Black East Indian Erpel als schönsten Vogel unter etwa 5000 anderen Exemplaren ..."

Der Schnabel sollte so schwarz wie möglich sein, ohne Anflug von Grau oder Hellgrün. Auf Geflügelschauen ist sogar ein Purpurton unerwünscht. Die Richter bewerten außerdem Körperform und Größe.

Smaragdenten sind wunderschöne Zierenten. Eine kleine Schar der schwarzen Enten sieht prächtig aus. Wenn die Sonne ihr Gefieder zum Schimmern bringt, sehen sie immer noch schwarz, aber nicht düster aus.

Ihre Herkunft ist ungeklärt. Trotz des englischen Namens haben sie nichts mit den Westindischen Inseln zu tun. Eine Zeitlang hießen sie in den USA auch „Brazilian" oder „Buenos Ayres", obwohl sie ganz sicher nicht aus Brasilien stammen. Vielleicht entstanden sie wie die Cayuga-Enten in Nordamerika. Es lässt sich nicht mehr klären.

Zu Beginn des 19. Jhs. brachten eingeführte schwarze Enten die Gene für schwarze Gefiederfarbe nach England. Es ist durch Quellen belegt, dass der 1831 zum Präsident der Londoner Zoologischen Gesellschaft gewählte Lord Derby diese Enten besaß. Zusammen mit den Zwerg-, Aylesbury- und Rouen-Enten wurden die Smaragdenten 1865 in Großbritannien als Rasse anerkannt. Wie bei den Cayuga-Enten sind die ersten Eier schwarz, werden später jedoch weiß oder grün. Die Zahl der Eier und ihre Fertilität hängen von der Zuchtlinie ab.

Alles über Eier

Eier kann man essen, ausbrüten, kochen oder verzieren. Aber Eier fallen nicht vom Himmel – man braucht auch legefähige Vögel. Weibliche Enten und Gänse müssen sehr sorgfältig behandelt werden. Während der Brutzeit stehen sie unter größerem Stress als die Männchen. Jeder, der aus den Eiern Nachkommen züchten möchte, sollte die Eltern genau auswählen.

Eierproduktion

Bei der Legeleistung gibt es enorme Unterschiede zwischen den Rassen. Eine kleine Zwergente legt pro Jahr nur ein paar Eier, während es manche Linien auf 30 bis 80 Eier bringen. Die schwereren Rassen legen 120 bis 150 Eier pro Jahr, leichte Rassen, wie Welsh-Harlekin- oder Campbell-Enten, deutlich mehr. Manche für kommerzielle Zwecke gezüchtete Campbell-Enten bringen es sogar auf über 300 Eier pro Jahr.

Erst wenn eine Ente ausgewachsen ist, beginnt sie zu legen, Campbell-Enten nach mindestens 21 Wochen, eher nach 26 Wochen. Rouen- und echte Aylesbury-Enten sind an die Brutzeiten der Wildformen gebunden; sie legen nur im Frühling. Campbell-Enten legen dagegen das ganze Jahr über Eier, wenn die Belichtung und das Futter stimmen. Bei 15 Stunden Licht täglich (natürliches oder künstliches Licht) legen sie am besten, manche sogar noch im Dezember, selbst ohne künstliches Licht. Das Alter ist der wichtigste Faktor: Die meisten Enten sind in den ersten beiden Jahren besonders produktiv; nach dem vierten Jahr nimmt die Legeleistung drastisch ab. Rassen mit geringer Legeleistung legen dafür um einiges länger: Zwergenten können bis zum Alter von zehn Jahren noch ein paar Eier pro Jahr legen.

Gänse sind stärker an die Jahreszeiten gebunden. Die meisten Rassen legen erst, wenn sie fast ein Jahr alt sind. Häufig sind die Eier des ersten Jahres noch klein, ab dem zweiten Jahr bessert sich die Lage. Gänse legen zwar noch im Alter von 20 Jahren, doch die beste Legezeit ist zwischen 2 und 12 Jahren. Mittelgroße Gänserassen haben eine längere Fortpflanzungszeit als schwere Rassen und Höckergänse. Nur wenige Vögel legen noch im Herbst Eier, obwohl sich die Brutperiode mit künstlichem Licht etwas in die Länge ziehen lässt. Junge Höckergänse legen manchmal noch bis in den Oktober hinein. Die Menge der Eier ist abhängig von der Rasse, der Art des Futters und der Haltung.

Keine Eier?

Enten, die in der Mauser sind, legen keine Eier mehr. Sowohl die Bildung neuer Federn als auch das Eierlegen verbraucht große Mengen an Nährstoffen und Proteinen. Zudem stellen sowohl Enten als auch Gänse die Eierproduktion ein, wenn sie in Brutstimmung kommen.

Vögel im Legealter, die offenbar keine Eier legen, könnten sie unter der Streu im Stall oder in dichten Hecken verstecken. Bis auf die kleinen Rassen legen alle Enten vor 8 Uhr morgens. Wenn Sie die Eier auf der Wiese oder im Teich finden, lassen Sie Ihre Vögel lieber etwas später aus dem Stall.

Gänse brauchen 36 Stunden, bis ein Ei den Legedarm passiert hat und gelegt wird; sie können also nicht jeden Tag ein Ei legen. Auch Gänse verstecken ihre Eier gern in der Streu, bauen Nester in dichten Hecken oder lassen sie draußen liegen. Manche weiblichen Vögel legen allerdings überhaupt nicht.

Gelegentlich fressen die Vögel ihre eigenen Eier auf. Das bedeutet allerdings nicht, dass sie die Eier gezielt zerstören, sie nutzen nur die Nährstoffquelle eines zufällig zerbrochenen Eis. Kranke, schlecht oder unzureichend gefütterte oder getränkte Vögel stellen die Eiablage ein.

Eierstöcke und Legedarm

Bei fast allen Vögeln entwickelt sich nur der linke Eierstock. Er enthält zahlreiche unreife Eizellen, aus denen sich im Legedarm die Eier entwickeln. Wenn eine Eizelle heranreift, bildet sie reichlich Dotter, um den Embryo zu ernähren. Innerhalb der Eierstöcke reifen jeweils mehrere Eizellen in unterschiedlichen Entwicklungsstadien heran.

Beim Eisprung wandert die Eizelle in das Infundibulum, den ersten Teil des Legedarms. In seltenen Fällen werden zwei Eier zur gleichen Zeit reif; dann entsteht ein Ei mit doppeltem Dotter. Da die Eier zu diesem Zeitpunkt befruchtet werden, können befruchtete Zwillingseier entstehen. Sie sollten möglichst nicht ausgebrütet werden.

Auf seiner Wanderung durch den Legedarm lagert sich im Magnum Eiklar an (Eiweiß, Mineralien und Wasser). Gleichzeitig wachsen die beiden schraubig aufgedrehten Hagelschnüre heran, die den Dotter in einer Mittelstellung festhalten.

Nachdem sich im Isthmus die Eimembran rund um das Eiklar geschlossen hat, gelangt das Ei in den Uterus, wo die äußere Kalkschale angelegt wird. Die Schale ist dünn, aber sehr stabil. In dieser Phase bildet sich auch die Farbe der Eierschale (je nach Rasse der Ente). Schließlich wird das Ei durch die Kloake nach außen abgegeben. Der gesamte Prozess dauert je nach Vogelart um die 24 Stunden. Wenn das noch nasse Ei austrocknet, verschließen sich die Poren und bilden eine bakteriensichere, dichte Kalkschicht, die das Innere des Eis gut schützt.

So entstehen und wachsen befruchtete Eier

Die Abbildungen zeigen die Entwicklung von Ei und Embryo. Wenn alles glatt geht, schlüpfen die Enten- oder Gänseküken nach 4–5 Wochen Brutzeit (je nach Art). Weitere Details im Kasten auf S. 100.

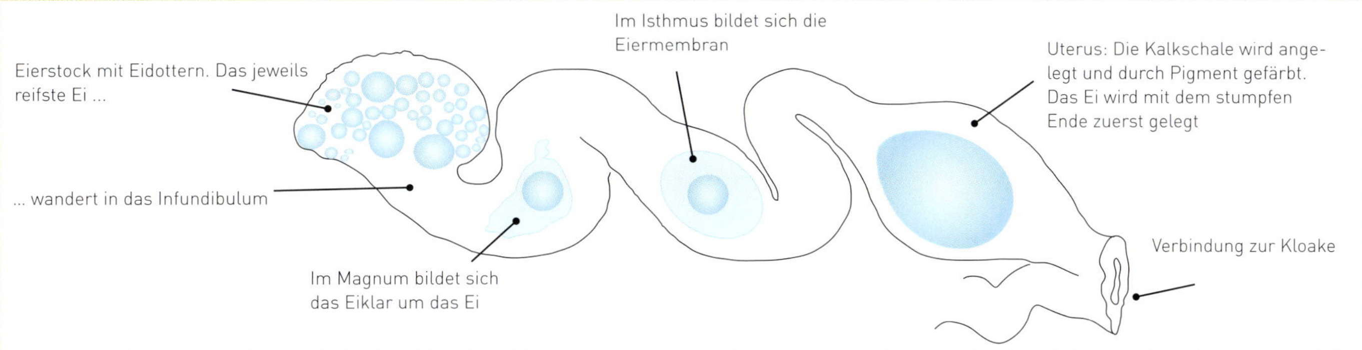

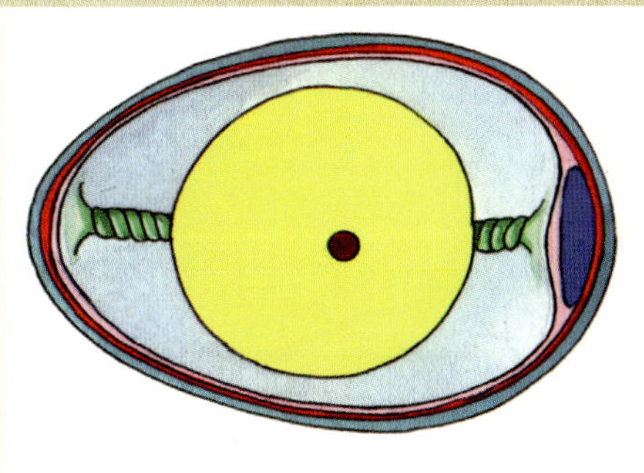

1. Tag: Ein Ei entwickelt sich erst, wenn es bebrütet wird. Die Keimscheibe ist als kleiner Fleck sichtbar.

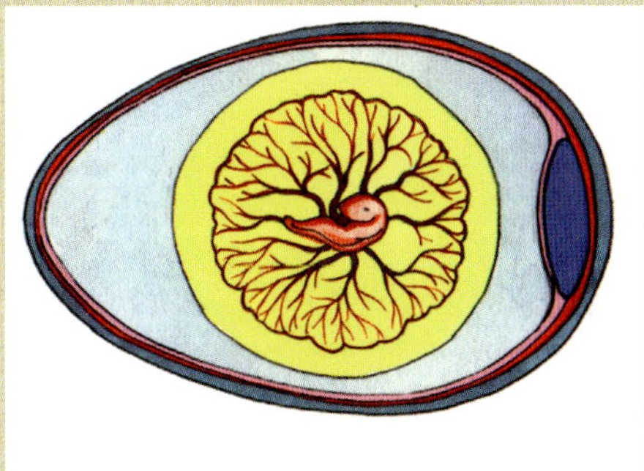

5. Tag: Ein Adernetz und das Herz bilden sich.

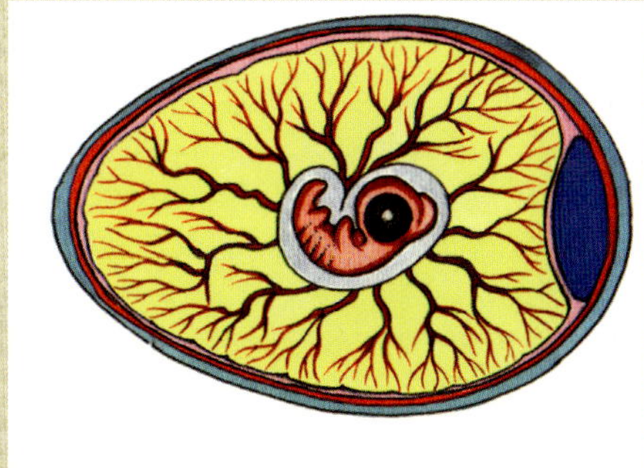

8. Tag: Inzwischen sind Kopf und Augen gut entwickelt; das Herz wird vom Körper eingeschlossen.

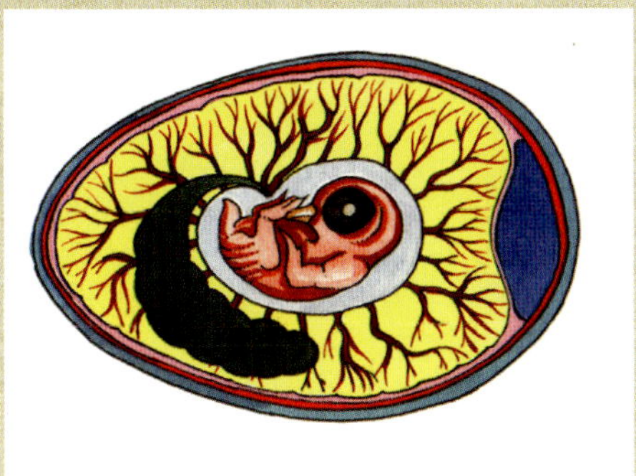

12. Tag: Die Abfallprodukte des Körpers sammeln sich ab dem 4. Tag in einem Säckchen. Füße, Flügel und Schnabel bilden sich aus.

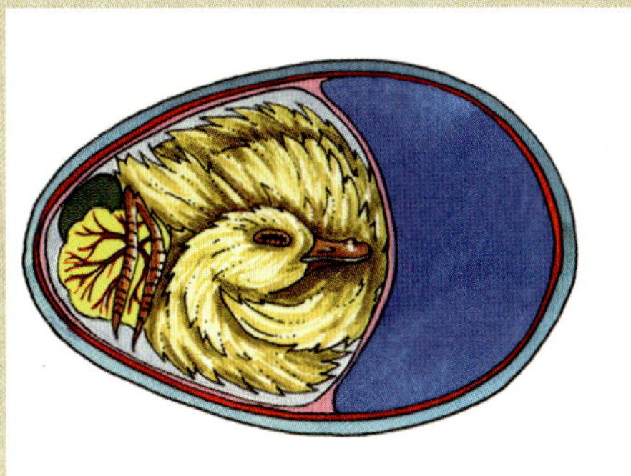

27. Tag: Durch den Wasserverbrauch nimmt die Größe der Luftblase zu.

Schlüpfen: Das Küken durchbricht die Luftblase mit seinem Eizahn und schneidet sich durch die Schale den Weg ins Freie.

Qualität und Aufbau des Eis

Ernährung und Lebensweise beeinflussen die Qualität der Schale und den inneren Aufbau des Eis. Eier enthalten alle Nährstoffe, die ein Enten- oder Gänseküken zu seiner Entwicklung bis zum Schlüpfen braucht. Daher sollten die Eltern mit bestem Futter versorgt werden. Die Eier entwickeln sich nur weiter, wenn sie (a) befruchtet und (b) bebrütet werden. Werden die Eier jeden Tag entnommen, kommen die weiblichen Vögel nicht in Brutstimmung und legen längere Zeit weiter.

Die Poren in der äußeren Schale dienen dem Gasaustausch, um den wachsenden Embryo während der Brut zu versorgen. In dieser Zeit löst sich die Schale teilweise auf, weil das Küken das Kalziumkarbonat der Schale zum Aufbau seiner Knochen benötigt.

Aufbau des Eis

Die Hagelschnüre halten den Dotter in der Mitte des Eiklars fest. Ihre Schraubenwindungen sind gegenläufig, sodass sich der Dotter drehen kann und die Keimscheibe obenauf liegt, wenn das Ei gedreht wird (siehe S. 100). Auf diese Weise ist der Embryo stets der Wärme des brütenden Weibchens ausgesetzt. Die Eier müssen ab und zu gedreht werden, damit dem Embryo frische Nährstoffe zur Verfügung stehen.

Während der Brutzeit verbraucht der Embryo die Nährstoffe des Eiklars; gleichzeitig nimmt die Größe der Luftblase zu, weil Wasser durch die Poren verdunstet. Diese Luft atmet das Küken, bevor es die äußere Schale durchbrechen kann und es hat dadurch etwas mehr Bewegungsfreiheit.

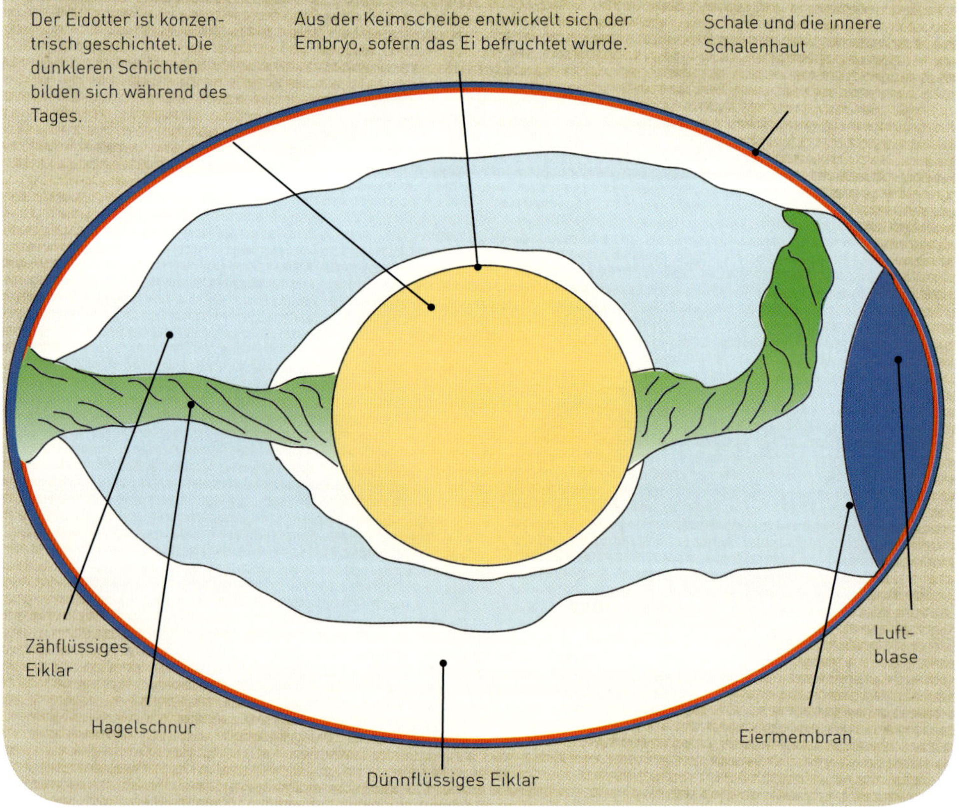

EIGRÖSSE
Enteneier unterscheiden sich je nach Rasse beträchtlich in Größe und Gewicht. Die drei kleinsten Eier gehören zur Zwergente (40 und 46 g) und der Miniatur-Appleyard-Ente (55 g). Die grünen und weißen Eier einer Laufente (links) wiegen um die 70 g.
Junge Cayuga-Enten legen zu Beginn der Saison fast schwarze Eier. Gegen Ende der Brutperiode werden die Schalen immer heller. Die beiden weißen Eier sind Gänseeier von 160 und 212 g. Gänse legen nur weiße Eier.

Eier für Verzehr und Verkauf

Die täglich gesammelten Eier sollten bei etwa 12 °C aufbewahrt werden. Saubere und ungewaschene Hühnereier sind etwa vier Wochen haltbar; das gilt auch für Gänseeier von guter Qualität. In beiden Fällen wird aber der Verzehr innerhalb von zwei Wochen empfohlen.

Enteneier sind poröser als Hühnereier und oft auch schmutziger. Enten und Gänse legen ihre Eier meist auf den Stallboden, wenn ihnen ein abgetrennter Bereich mit zerkleinertem Stroh und/oder sauberen Sägespänen zur Verfügung steht. Wenn Sie die Streu sauber halten, werden die Eier nicht durch schmutzige Füße oder Kot verunreinigt. Verschmutzte oder im Dreck abgelegte Eier sollten gewaschen und innerhalb von zehn Tagen verzehrt werden. Gänse- und Enteneier werden, anders als Hühnereier, nicht im großen Stil vermarktet, sondern fallen eher als „Nebenprodukt" an. Man bekommt sie in kleinen Mengen von privaten Haltern oder Bauern in der näheren Umgebung, gelegentlich auch auf einem Bauern- oder Biomarkt. Daher gibt es keine offiziellen Regelungen (Normgrößen) und sie werden nicht wie die Hühnereier gestempelt.

Nur Eier mit stabiler, unbeschädigter Schale halten die Bakterien ab und sind lagerbar. Zerbrochene Eier sollten sofort verarbeitet und lange erhitzt werden (z. B. für Kuchen).

Qualität

Enteneier stehen im Ruf, Salmonellen zu enthalten. Wenn die Enten in sauberen Gehegen mit Zugang zum Wasser gehalten und die Eier lang genug gekocht werden, besteht keine Gefahr. Ein Gänseei ist übrigens nach 9–11 Minuten Kochzeit fertig.

Inzwischen ist auch das Pauschalurteil vom Tisch, Cholesterin sei schädlich für die Gesundheit. Tatsächlich braucht der menschliche Körper ein gewisses Maß an Cholesterin aus dem Eigelb; außerdem enthält es das wichtige Lutein und Xenazanthin. Das Eiklar (Eiweiß) liefert Protein von hoher Qualität. Lutein und Xenazanthin verhindern den altersbedingten Abbau von Teilen der Netzhaut, der bei Menschen über 65 Jahren zu Sehstörungen führt. Lutein soll auch die Entwicklung von Arteriosklerose hemmen.

Vögel, die sich im Freien selbst versorgen dürfen, legen gewöhnlich auch gesündere Eier. In den Eiern sind alle erforderlichen Eiweißbaustoffe, dazu die Vtamine A, B und D enthalten. Fast die Hälfte des Fetts in Eiern hat die Qualität von Olivenöl – es besteht aus ungesättigten Fettsäuren.

Wenn die Enten medikamentös behandelt wurden, sollte man die Eier weder ausbrüten noch verzehren. In den Beipackzetteln von Antibiotika und Entwurmungsmitteln stehen die entsprechenden Fristen. Für biologische Produkte, wie Vermex, gibt es keine Fristen.

Enten und Gänse züchten

Geflügelzucht kann ein sehr befriedigendes Hobby sein. Allerdings sollte man sich nicht unvorbereitet darauf einlassen. Die Checkliste soll Ihnen dabei helfen, eine sinnvolle Entscheidung zu treffen.

1. **Was haben Sie mit den ausgebrüteten Vögeln vor?** Wenn Sie die Vögel für Ihren Eigenbedarf behalten möchten, gibt es keine Probleme. Wenn Sie die Küken dagegen verkaufen möchten, fallen Kosten für Werbung, Transport und Vermarktung an.
2. **Brüten Sie nur so viele Vögel aus, wie Sie brauchen.** Das ist bei Wassergeflügel wichtig, denn sie benötigen mehr Platz als Hühner und eine Wasserfläche. Vor allem Enten richten ein fürchterliches Chaos an, wenn das Gehege zu klein ist. Gänse(küken) brauchen sauberes Gras. Bereiten Sie alles vor, ehe Sie mit der Brut beginnen.
3. **Brüten Sie die Eier während der Brutzeit aus und nehmen Sie Eier von gesunden Eltern.** Die Brutsaison von Gänsen und den meisten Enten ist von Ende Februar bis Juni; im April nimmt die Legeleistung ab. Die Eier von Februar bis April sind am besten geeignet.
4. **Informieren Sie sich, was bei der Brut zu beachten ist.** Leider legen viele Halter einfach los und stellen erst später fest, dass sie etwas Wichtiges vergessen haben – zum Schaden der Embryos.
5. **Entscheiden Sie, wie die Küken ausgebrütet werden sollen.** Die Anschaffung eines Brutschranks ist zu teuer, wenn man ihn nur einmal benutzt. Andere Vögel übernehmen diese Aufgabe besser, insbesondere wenn Sie „schwierige" Eier ausbrüten möchten. Andererseits ist der Umgang mit brütenden Vögeln nicht ganz einfach, sodass sich ein Brutschrank später als Hilfe in der Not erweisen könnte. Planung und Vorüberlegungen halten sich bei beidem etwa die Waage.

RECHTS Warzenenten sind gute Brutenten und Mütter. Allerdings werden frei laufende Küken leicht zum Opfer von Elstern, Reihern und in großen Seen oder Flüssen, von Hechten. Vorsicht ist angebracht.

Welche Eier ausbrüten?

Voraussetzung für eine gute Nachzucht sind Eier von gesunden Vögeln, die unter besten Bedingungen gehalten wurden: Freier Auslauf und qualitativ hochwertiges Futter für Brutvögel. Die Eltern sollten nicht zu eng verwandt sein, denn Inzucht kann zu deformierten Wirbelsäulen, kranken Füßen und Beinen sowie anderen genetischen Defekten führen. Eier von ingezüchteten Vögeln sind oft steril.

Um die Vaterschaft zu garantieren, muss das Brutpaar mindestens 14 Tage aus einer gemischten Gruppe entfernt werden. Soll sich die Ente mit einem fremden Erpel verpaaren, wird die Frist auf 18 Tage verlängert.

Brüten Sie keine schmutzigen Eier aus, denn durch eine schmutzige, feuchte Schale könnten Keime eindringen. Im Inkubator vermehren sich die Bakterien innerhalb der Schale und bringen das Ei zum Platzen. Stellen Sie den Vögeln einen sauberen Nistplatz mit reichlich sauberer Streu zur Verfügung (Hobelspäne oder Strohhäksel). Darin bleibt die äußere Schutzhülle des Eis erhalten (Kutikula). Diese Schicht ist wichtig, weil sie das Ei vor dem Eindringen schädlicher Bakterien schützt. Beim Waschen wird diese Schutzschicht zerstört. Wenn das Ei schmutzig ist und gewaschen werden muss, reinigen Sie es unter fließendem, lauwarmem Wasser (um 40 °C) mit einer Nagelbürste. In kaltem Wasser zieht sich das Ei zusammen und nimmt durch die Poren Wasser und Bakterien auf. Der Fachhandel bietet Desinfektionsmittel an, um die Eioberfläche zu säubern. Allerdings sind solche Mittel für große Mengen Eier und große Brutschränke gedacht – für den Hobbyzüchter sind sie eher ungeeignet.

Verwenden Sie nur qualitativ hochwertige Eier: normale Größe mit glatten und nicht zu dünnen Schalen. Notieren Sie das Legedatum und die Eltern mit Bleistift auf der Schale.

Bevor die Eier in den Brutschrank kommen, sollten sie mindestens einen und maximal zehn Tage ruhen. Eine einzige Ente liefert in diesem Zeitraum bis zu neun Eier. Sammeln Sie die Eier täglich; sie werden in einem kühlen Raum bei 12 °C gelagert, um die Entwicklung des Keims zu unterbinden. Die Eier werden mit der Spitze nach unten aufbewahrt; liegende Eier müssen einmal pro Tag gewendet werden.

In der Nacht bevor die Eier in den Brutschrank kommen, wird die Temperatur auf 20–25 °C erhöht, damit sich der Dotter bei höheren Temperaturen nicht schlagartig ausdehnt und die Eimembran zerreißt. Versuchen Sie, den Schlupf zu synchronisieren. Ein befruchtetes Ei beginnt seine Entwicklung erst, wenn es erwärmt wird. Küken, die zusammen schlüpfen, haben sofort Gesellschaft, wärmen sich gegenseitig und lernen voneinander. Sie tun den Vögeln keinen Gefallen, wenn sie nur auf Menschen geprägt wurden. Vögel brauchen Artgenossen.

Gekaufte Eier ausbrüten?

Diese Alternative birgt gewisse Risiken. Es gibt zu viele Variablen, die Sie nicht mehr überprüfen können, nicht einmal die Rasse der Enten oder Gänse. Vielleicht wurde der Händler unzureichend informiert, die Eltern stammen aus einer Inzucht oder die Eier wurden nicht befruchtet. Vor allem Zwergenteneier sind sehr schwer auszubrüten. Zu Beginn der Brutsaison (Januar bis März) sind ihre Eier oft unfruchtbar. Warum also viel Geld für etwas ausgeben, dessen Qualität Sie nicht bewerten können?

Wasserverlust beim Brüten

Beim Brüten nimmt der Wassergehalt der Eier ab, weil der Embryo die Nährstoffe verwertet. Der Wasserverlust durch die Poren wird auf 13–14 % geschätzt. Bei Wildvögeln beträgt dieser Wert 16 %; für Wasservögel sind 15 16 % noch günstiger. Der Wasserverlust aus dem Eiklar sorgt dafür, dass die Luftblase am stumpfen Ende des Eis größer wird. Das schlüpfende Küken nimmt hier seine ersten Atemzüge und gewinnt Platz, um sich aus der Schale zu kämpfen. Gibt das Ei zu wenig Wasser ab, haben die Embryos den Dotter nicht aufgenommen und werden tot geboren.

Der Wasserverlust hängt von verschiedenen Faktoren ab:

- Der **Porosität der Schale**, die mit Rasse, Ernährung und Alter des Vogels variiert;
- der **relativen Luftfeuchte** (RL; „Feuchtigkeit") der Umgebung während der Brut;
- der **Größe und Art des Brutschrankes** (Inkubator): Die einzelnen Typen unterscheiden sich im Luftaustausch. In Modellen ohne Luftumwälzung ist die Luftbewegung geringer als in Modellen mit Ventilator. Letztere halten zwar die Temperatur konstant, doch der Luftstrom erhöht die Verdunstung. Auf den nächsten Seiten werden diese Bedingungen genauer beschrieben.

Die Hersteller von Inkubatoren geben Empfehlungen an, beispielsweise 50–55 % RL für Gänseeier. Was bei großen Brutschränken für „einfach zu erbrütende", Eier gelten mag, kann bei kleinen Inkubatoren ohne Ventilator für reinrassige Tiere versagen. Die Eier von Enten und Gänsen brauchen in der Regel weniger Wasser als die von Hühnern. Der koordinierte Verlust der richtigen Wassermenge ist der kritische Faktor für die erfolgreiche Brut.

Zum Wohl der Küken

Frisch geschlüpfte Enten- und Gänseküken sind sehr süß: flaumiges Gefieder, piepend und flink. Statt in Begeisterung auszubrechen und Eier zu bebrüten, sollten Sie sich kritisch fragen, ob Sie den Küken auch ein artgerechtes Leben bieten können. Denken Sie daran, dass sie später aufgezogen, gehalten oder verkauft werden müssen. Es wäre falsch, Küken auszubrüten, mit denen Sie nichts anfangen können. Nur wenn Sie die Küken später unter artgerechten Bedingungen halten können und wissen, was mit ihnen geschieht, sollten Sie – zum Wohl der Küken – an eine eigene Zucht denken.

Künstlich Brüten: Elektrische Brutschränke

Der Fachhandel bietet eine Vielzahl von Brutschränken an, die sich in zwei Typen zusammenfassen lassen: ohne oder mit Luftumwälzung. In den Modellen ohne Luftumwälzung liegen die Eier in einer, bei Modellen mit Luftumwälzung in mehreren Schichten; manchmal werden sie sogar automatisch gewendet. Bei einigen Modellen kann die Luftfeuchte eingestellt werden.

Die Eier von Höckergänsen lassen sich leichter ausbrüten als die anderer Rassen. Bei den Enten machen die Laufenten am wenigsten, die Zwergenten am meisten Schwierigkeiten; sie werden besser von Glucken ausgebrütet.

Temperatur

Lassen Sie einen neuen Inkubator zunächst einen Tag leer laufen. Prüfen Sie mehrmals, ob die Temperatur konstant bleibt und das eingebaute Thermometer stimmt (ein Fieberthermometer liefert Vergleichswerte). Gänseeier werden in Inkubatoren mit Luftumwälzung bei 37,2 und 37,7 °C, Enteneier bei 37,3 °C ausgebrütet. Der Ventilator sorgt dafür, dass überall dieselbe Temperatur herrscht. In einem Inkubator ohne Luftumwälzung wird die Temperatur häufig mit einem festen Thermometer über den Eiern gemessen. Da warme Luft aufsteigt, herrscht auf der Ebene der Eier eine etwas tiefere Temperatur. Je nach Modell kann dieser Unterschied zwischen dem Boden und der Oberkante eines großen Eis 2–3 °C betragen. Damit herrscht die perfekte Bruttemperatur nur auf einer Ebene.

Bei Modellen, wie dem achteckigen Brinsea Octagon, wird der gesamte Inkubator langsam um 90° gedreht (stündlich, um 45° abwechselnd). Da die Wendeeinrichtung außen sitzt, bleiben alle beweglichen Teile außerhalb der Kammer. Sie hält die Luftfeuchte, schützt vor Staub und kann zum Reinigen entnommen werden. Vorzeitig schlüpfende Küken (oder wenn sie vergessen, die Kippeinrichtung auszustellen) werden nicht verletzt. Kurz vor dem Schlüpfen wird die Kammer herausgehoben und eben abgestellt.

Eier durchleuchten: Embryonalentwicklung und Luftfeuchte

Eines der wichtigsten Hilfsmittel für eine erfolgreiche Brut ist eine einfache Lampe, um das Ei in einem abgedunkelten Raum zu durchleuchten. Damit wird getestet, ob der Embryo wächst, wie groß die Luftblase und wie hoch der Wasserverlust ist. Auch bei technisch noch so ausgefeilten Inkubatoren müssen die Eier durchleuchtet werden.
Ein erfahrener Züchter sieht sofort, ob die Eier zu trocken oder zu feucht sind. Häufig kommt es um den 22. Tag der Brut zu einer drastischen Veränderung: Das Küken „trinkt" seine eigenen Flüssigkeiten, die Luftblase nimmt schlagartig an Größe zu und der Embryo sieht sehr trocken aus.

Es ist üblich, die Eier kurz vor dem Schlüpfen einmal täglich mit warmem Wasser einzusprühen. Das ist allerdings nur dann sinnvoll, wenn die Luftblase zu groß ist. Entspricht die Größe dagegen der Norm (bei optimaler Luftfeuchte), brauchen die Eier kein zusätzliches Wasser. In feuchter Umgebung würden sich nur Bakterien entwickeln. Es reicht völlig aus, die Wasserschalen im Brutschrank zu füllen, wenn die Hälfte der Eier angepickt wurde. Natürlich wird auch befeuchtet, wenn die Eier vorher zu viel Wasser verlieren.
Sollten die Eier allerdings zu viel Wasser verlieren, legen Sie ein feuchtes Tuch auf eine ungenutzte Stelle in den Brutschrank (das nicht die Eier berührt). Die Luftfeuchtigkeit im Brutschrank wird von der Fläche der verdunstenden Oberfläche bestimmt. Der Nachteil: Durch die Verdunstungskälte nimmt die Temperatur im Brutschrank kurzfristig ab; überwachen Sie in kleinen Inkubatoren die Temperatur. Aufmerksamkeit ist angesagt, wenn die Hälfte der Eier bereits angepickt ist. Bei den dickschaligen Gänseeiern brauchen Sie eine merklich stärkere Lampe. Sie müssen auch die Eier überprüfen, die von den Vögeln ausgebrütet werden. Es macht keinen Sinn, wenn sie auf unbefruchteten oder verdorbenen Eiern sitzen. Verdorbene Eier verraten sich durch den Geruch.

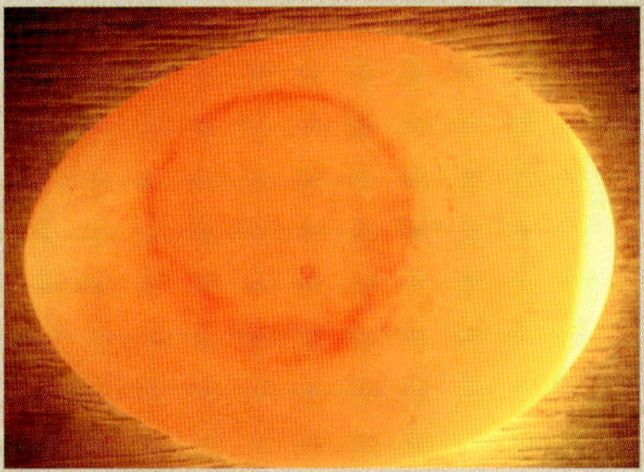

8. Tag: Dieses Ei ist tot: Die Adern sind am 7. Tag zu einem „Blutring" kollabiert.

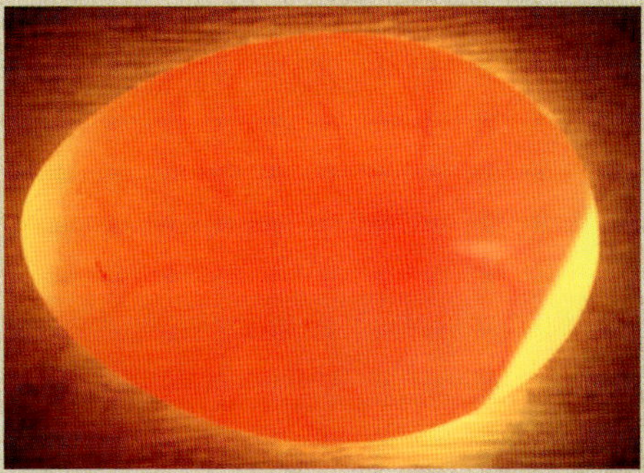

8. Tag: Dieses Ei ist intakt. Die Adern sind als feines Netzwerk zu erkennen. Die dunkle Stelle sind Kopf und Augen. Die Luftblase ist sichtlich größer geworden.

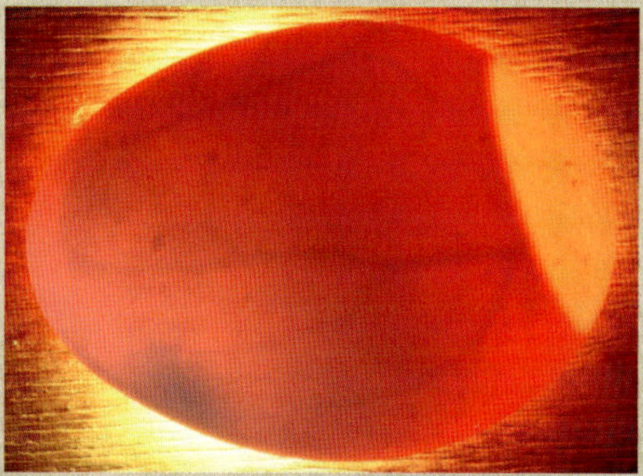

12. Tag: Der dunklere Kopf und die Augen sind besser zu sehen.

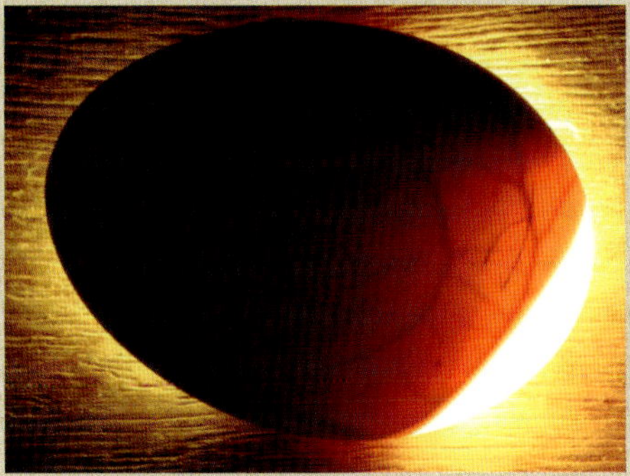

24. Tag: Fast das ganze Ei ist dunkel.

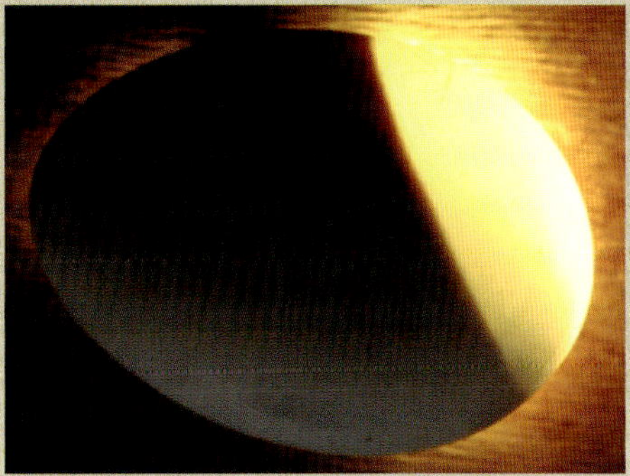

27. Tag: Die Luftblase hat genau die richtige Größe; das Entenküken bewegt sich innerhalb der Eimembran. Noch atmet es keine Luft.

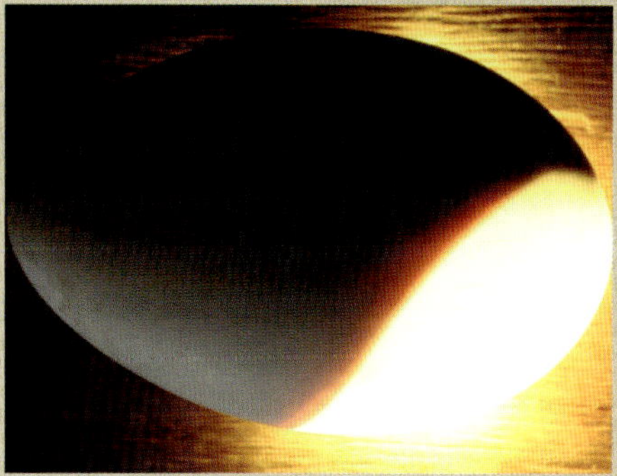

28. Tag: Dieses Ei enthält ein totes Küken; es hat zu viel Wasser verloren und wurde nicht angepickt. Der helle Saum um den dunklen Bereich ist ein Hinweis darauf, dass das Küken nicht mehr lebt.

Im Brutschrank

- **Drehen:** In einem automatischen Brutschrank liegen die Eier auf der Seite und werden jede Stunde gedreht. In einem Inkubator ohne Luftumwälzung werden die Eier per Hand dreimal täglich gedreht. Ändern Sie jedes Mal die Drehrichtung, damit die innere Struktur nicht leidet.
- **Dokumentation:** Schreiben Sie bei Inkubatoren ohne Automatik den Brutbeginn, das erwartete Schlüpfdatum und die Drehphasen (erst links, dann rechts herum) genau auf. Automatische Inkubatoren erledigen das „von selbst". Ab dem 25. Tag werden die Eier nicht mehr gedreht und müssen ruhig liegen bleiben (wenn nötig in einen Brutschrank ohne Luftumwälzung umlagern).
- **Durchleuchten:** Mit einer Lampe zum Durchleuchten der Eier ersparen Sie sich viele Schwierigkeiten. Am 7.–8. Tag wird kontrolliert, ob die Eier befruchtet wurden und die Embryos leben. Nach 14 Tagen überprüfen Sie die Entwicklung. Entfernen Sie alle Eier, die schlecht sind oder tote Embryos enthalten; eine Infektion könnte sich im ganzen Brutschrank ausbreiten. Auch angebrochene Eier werden herausgenommen. Beim Durchleuchten kontrollieren Sie die Größe der Luftblase (siehe S. 99).
- **Wasser und Luftfeuchte:** Die Wassermenge im Inkubator ist von vielen Variablen abhängig. Selbst mit einem eingebauten Hygrometer und automatischer Steuerung der Luftfeuchte kann es Unterschiede von Ei zu Ei geben. Wie viel Wasser genau benötigt wird, ist eine Frage der Erfahrung, die jeder Züchter von Fall zu Fall entscheiden muss. So können sich die Porosität der Eierschale oder die wetterbedingte Luftfeuchte stark unterscheiden.

Dauer der Brut

Die Eier von Wassergeflügel brauchen länger für ihre Entwicklung als Hühnereier. Die genaue Dauer hängt von der Art ab. Wenn die Eier auskühlen – Stromausfall des Inkubators, das Weibchen verlässt das Nest – sollten Sie dennoch weiterbrüten. Es kann durchaus sein, dass die Küken etwas verspätet ausschlüpfen.

Art	Tage
Hausgans	28–32
Hausente	28–30
Zwergente	26–27
Warzenente	33–35

Die genaue Brutdauer hängt von der Höhe des Wasserverlustes, dem Alter des Eis bei Brutbeginn und dem Zustand des Embryos ab. Frische Eier mit korrektem Wasserverlust schlüpfen früher als Eier mit Problemen. Alle Küken sollten in einem Zeitraum von 2–3 Tagen schlüpfen.

LINKS Während der Brutzeit werden die Eier in diesem Brinsea Polyhatch automatisch durch einen beweglichen Boden gedreht. Der Drehmechanismus wird 2–3 Tage vor dem erwarteten Schlupf ausgeschaltet. Dann drehen sich die Küken von selbst in eine günstige Position. Sobald sie die Eier angepickt haben, wird die Luftfeuchte etwas erhöht (bei Enten durchschnittlich ab dem 28. Tag), damit die Küken nicht mit der Schale verkleben. Die Küken bleiben im Inkubator, bis sie ausgetrocknet sind und flaumig aussehen.

RECHTS Gänseküken brauchen etwas länger, bis sie auf den Füßen stehen können, sind dann aber sehr neugierig. Gänse aus Handaufzuchten bleiben sehr zahm. Vielleicht knabbern sie an sauberem Stroh herum, nehmen es jedoch nicht als Nahrung auf.

Wenn Küken schlüpfen

Wenn ein Küken zum ersten Mal von innen gegen die Schale pickt, ist es längst noch nicht bereit zu schlüpfen. Gewöhnlich vergehen ein oder zwei weitere Tage, bevor es endgültig aus der Eierschale bricht. Es muss den Dottersack noch in den Körper aufnehmen und das Blut aus den Adern absorbieren. Wenn Sie das Ei zu früh öffnen, verblutet das Küken. Erst wenn sich das Küken fast herumgedreht hat und festzustecken scheint, dürfen Sie eingreifen. Gelegentlich schaffen es die Küken nicht, die Schale ganz aufzubrechen – auch dann dürfen Sie helfen. Häufig haben Küken, die nicht von allein ausschlüpfen, ein gesundheitliches Problem oder picken die Schale am falschen Ende an. Solche Küken brauchen länger; wenn es zu lange dauert, können Sie dem Küken helfen.

Hersteller von Inkubatoren behaupten gern, ihre Systeme würden nicht nur die Eier ausbrüten, sondern auch das Schlüpfen unterstützen. Das ist so nicht richtig: Durch die Umluft könnte das Ei austrocknen und das Küken an der Schale festkleben. Außerdem werden Federbruchstücke in der Kammer verteilt, die sich nur schwer wieder entfernen lassen; sie werden zu Brutstätten für Bakterien.

- Halten Sie einen Umluftinkubator sauber; er ist für den Schlupf nicht geeignet.
- Legen Sie die Eier bis zum Schlüpfen in einen Inkubator ohne Luftumwälzung, wo die Luftfeuchte leichter erhöht werden kann. Umluftgeräte mit konstanter Luftfeuchte eignen sich besser für das Ausbrüten.
- Brüten Sie immer nur eine Charge bis zum Schlupf aus. Danach wird der Inkubator gereinigt und sterilisiert.

In der letzten Woche ist die Temperaturkontrolle entscheidend; das gilt auch für das Ausschlüpfen. Der Stoffwechsel der Küken und ihre Bewegungen erhöhen die Temperatur im Ei, sodass die Temperatur in kleinen Brutschränken zu stark ansteigen kann. Kurz vor dem Schlüpfen sollten Sie daher regelmäßig Temperatur und Luftfeuchte messen.

OBEN Diese Miniatur-Appleyard Küken tragen noch ihren Eizahn (am Schnabelende). Damit bahnen sie sich ihren Weg durch Eiermembran und Schale.

Verantwortung übernehmen

Überlassen Sie Brut und Aufzucht nicht den Eltern: Sie haben die Pflicht, sich um die Küken zu kümmern. Das schließt die optimale Umgebung genauso ein wie das richtige Futter und sauberes Wasser. Die Küken müssen vor Schmerz, Verletzungen und Krankheiten beschützt werden.

UNTEN Die Eierschale ist bereits angepickt (links), das Entenküken dreht sich aber noch um. Die Schale in der Mitte wurde am falschen (spitzen) Ende aufgepickt; das Küken kommt ohne Hilfe nicht aus dem Ei. Die Eiermembran trocknet aus, wird braun und ledrig. Das Ei rechts sieht dunkel aus; es war zu feucht und das Küken ist tot.

Natürlich schlüpfende Küken

Es ist sehr schön, den Küken ganz ohne technischen Aufwand beim Schlüpfen zuzusehen. Allerdings sollten Sie zunächst Erfahrung sammeln, damit die Küken unter optimalen Bedingungen schlüpfen.

- Die Gänse- oder Entenmutter muss in Brutstimmung sein; zur Not behelfen Sie sich mit einer Glucke. In der Regel kommen die Vögel erst in Stimmung, wenn sie mehrere Eier gelegt haben.
- Das Nest muss vor Raubtieren geschützt sein.
- Die Neststreu muss sauber sein. Legen Sie eine Grassode unter das Nest, die in der Mitte eingedrückt wird. Sie dient als bequeme Grundform und liefert etwas Feuchtigkeit.
- Enten oder Gänse vertragen es nicht, wenn man ihr Nest an einen neuen Platz umsetzt.
- Der brütende Vogel muss parasitenfrei gehalten werden. Benutzen sie ein biologisches Produkt zum Einstäuben. Kurz vor dem Schlüpfen dürfen keine chemischen (giftigen) Mittel eingesetzt werden.
- Kontrollieren Sie das brütende Weibchen. Es muss ein- oder zweimal täglich das Nest verlassen, fressen und trinken.
- Besonders wichtig ist eine Wurmkur (vor allem bei Gänsen). Eine Gans sitzt 32 Tage auf dem Nest; achten Sie gut auf das Tier, denn während der Brut ist es anfällig für allerhand Krankheiten.

Nachdem die Küken die Schale angepickt haben, werden die Eier in einen Brutkasten gebracht, vor allem Gänse- und Zwergenteneier. Zwergentenküken sind sehr empfindlich. Wenn sie von ihrer Mutter ausgebrütet werden, kann alles gut gehen, bei einer Henne besteht größere Gefahr. Auch Gänse könnten ihre Küken zerquetschen. Eine erfahrene Gans akzeptiert ihre Küken direkt aus dem Inkubator, eine unerfahrene Gänsemutter muss die Küken in ihrem Nest „erkennen". Sie darf ein einziges Ei ausbrüten, die übrigen ersetzen Sie durch gekochte Eier. Ganter sind üblicherweise gute Väter (zur Sicherheit sollten sie während des Schlüpfens ferngehalten werden; wenn die Küken herumlaufen, beobachten Sie genau, wie er reagiert). Trauen Sie niemals einem Erpel; sie werden besser weggesperrt.

RECHTS Wenn eine Gans mehrere Eier gelegt hat, kommt sie in Brutstimmung. Sie zupft Daunen aus Brust und Bauch und polstert ihr Nest damit aus.

Fürsorge

Wer Enten und Gänse hält, sollte auch Zeit mit ihnen verbringen. Sprechen Sie mit ihnen und beobachten Sie die Tiere. Sie müssen gesäubert, gefüttert und mit frischem Wasser versorgt werden. Vor allem Küken brauchen Ihre ganze Aufmerksamkeit. Enten und Gänse sind kommunikative Tiere. Jede Minute, die Sie in den ersten Lebenswochen mit ihnen verbringen, zahlt sich später aus. Tiere aus Handaufzuchten bleiben ein Leben lang sehr zahm.

Aufzucht

Wenn Sie noch nie junge Enten oder Gänse aufgezogen haben, machen Sie sich auf einiges gefasst, denn Küken machen eine Menge Arbeit. Sie brauchen regelmäßig frisches Wasser. Vögel und Streu müssen sauber und trocken bleiben, denn in feuchter Streu breiten sich Schimmelpilze und Aspergillose aus (siehe S. 111).

Junge Enten- und Gänseküken werden zuerst mit Aufzucht- oder Starterfutter gefüttert, Gänse brauchen jedoch von Anfang an zusätzliches Grünfutter. Es liefert wichtige Nährstoffe und befriedigt ihren natürlichen Instinkt zu grasen. Sammeln Sie frisches Grün – Gras und Löwenzahn – als Ergänzung zum Kükenfutter, an dem sie herumknabbern können.

Enten- und Gänseküken stellen unterschiedliche Ansprüche an Boden und Wasserfläche. Im Idealfall sollten Sie, auch wenn nur wenig Platz zur Verfügung steht, die beiden Gruppen getrennt halten und separat versorgen, umso mehr, wenn Sie eine größere Zahl halten möchten.

Ausgeschlüpft!

Ein gerade geschlüpftes Küken beginnt nicht gleich zu fressen. Der Dottersack, den es während der Entwicklung im Ei in seinen Körper aufgenommen hat, liefert noch 24 Stunden lang Nährstoffe; es kommt bis zu 48 Stunden ohne Nahrung aus. Allerdings trocknen Küken in der Luft eventuell zu rasch aus und brauchen dringend Wasser. Zeigen Sie den Küken, wo die Wasserquelle ist.

Wenn die Küken heranwachsen, müssen Futter- und Wasserversorgung jeweils der Größe und den Ansprüchen angepasst werden. Schützen Sie Ihre Küken vor ansteckenden Krankheiten und vor Raubtieren.

Futter

Decken Sie sich rechtzeitig mit Futter für Enten- und Gänseküken ein. Möglicherweise sind die Vorräte gerade dann ausverkauft, wenn Sie das Futter dringend brauchen. Vorsicht! Einige Standardfuttermischungen enthalten einen Zusatz gegen Kokzidiose, der für Zwergenten und Labradorenten tödlich sein kann. Wenn die Küken drei Wochen alt sind, wird das Starterfutter durch Pelletfutter ersetzt (nur die kleinen Zwergenten bekommen weiterhin das kleinteilige Futter).

Stellen Sie den Enten- und Gänseküken stets eine Schale Wasser neben den Futternapf, denn die kommerziellen Futtermischungen enthalten nur 13 % Feuchtigkeit.

Wärme

Die Wärmequelle muss zuverlässig funktionieren. Einfache Glühbirnen (rot oder durchsichtig) sind nicht empfehlenswert. Die teureren Keramik-Wärmelampen halten länger und sind nicht so anfällig. Da sie kein sichtbares Licht abstrahlen, gewöhnen sich die Küken an den natürlichen Tagesrhythmus und die Dunkelheit.

Überhitzung ist für Küken tödlich. Die Temperatur direkt unter der Wärmequelle sollte von 35 °C in den ersten sieben Tagen auf 32 °C sinken. Vermeiden Sie Zugluft. Die Küken brauchen genügend Platz, um sich in kühlere Bereiche zurückziehen zu können. Beobachten Sie die Küken: Einer Gruppe, die sich eng unter der Lampe zusammendrängt, ist es kalt. Wenn sie sich verteilen, ist es zu warm. Hängen Sie die Wärmelampe stufenweise höher, damit sich die Küken an die kühlere Temperatur gewöhnen, bis sie bei 20 °C liegt.

Wasser und Bodenbeläge

In den ersten 24 Stunden fühlen sich Enten- und Gänseküken auf alten Tüchern oder zerknülltem Papier am wohlsten. Vor allem Gänseküken rutschen mit den Beinchen auf glatten Oberflächen weg. Danach werden Gänseküken auf trockenem Stroh gehalten. Erst wenn sie gelernt haben, dass Futter, Gras und Löwenzahn besser schmecken als Hobelspäne, können Sie wieder zu den Hobelspänen übergehen. Sie sind weniger durch den Befall mit Schimmelpilzen und Bakterien gefährdet als Stroh.

Wenn die Gänseküken nicht mit Gras gefüttert werden, „grasen" sie ihre Geschwister ab. Küken, die mit ihrer Mutter in den Garten dürfen, müssen vor Raubtieren geschützt werden. Auch die Gänsemutter kann sie nicht immer beschützen; lassen Sie die Familien mindestens drei Wochen lang in einem gesicherten Bereich.

Entenküken brauchen mehr Wasser als Gänseküken. Sobald sie laufen können, werden sie in Gehege mit Drahtboden verlegt, wo ihnen eine Kükentränke aus Plastik zur Verfügung steht. Tränken aus Plastik lassen sich leichter reinigen und desinfizieren als Metalltränken. Fangen Sie mit kleinen Tränken mit schmalem Rand an, damit die Küken nicht ertrinken. Entenküken verbringen Stunden damit, Wasser aus der Schale zu saugen und über den Fußboden zu verteilen.

OBEN Die drei Wochen alten Laufentenküken sind noch immer mit Flaum bedeckt. Bei gutem Wetter dürfen sie einige Stunden auf frischem Gras verbringen.

LINKS Entenküken können 3–4 Wochen lang auf einem Maschendrahtboden gehalten werden, brauchen aber eine feste Unterlage. Zeitungspapier lässt sich rasch wechseln und kann anschließend kompostiert werden. Wenn die Ausscheidungen regelmäßig entfernt werden, bleiben die Entenküken sauber und trocken. Auf keinen Fall dürfen sich Schimmelpilze auf dem verschütteten Futter ausbreiten.

Die Küken dürfen raus

Sobald sich die Küken an die normale Umgebungstemperatur gewöhnt haben (mit etwa drei Wochen), dürfen sie ins Freie. Der genaue Zeitpunkt hängt vom Wetter ab. Bei kühlem, feuchtem Wetter wird der Auslauf mit einer Kunststofffolie abgedeckt. Stellen Sie das Gehege der Gänseküken häufiger um, damit sie immer frisches Gras fressen können.

Wenn der Garten sehr klein ist, können Entenküken bei kaltem und feuchtem Wetter eine Zeitlang im Gehege mit Gitterboden bleiben. Achten Sie aber auf ihre Füße. Sie brauchen sehr viel Wasser und eine geschlossene Fläche (Zeitung), damit die Füße nicht wund werden.

Gänse und auch ihre Küken brauchen freien Zugang zu grobem Sand. Nur wenn sie Sand aufnehmen, können sie das Gras im Muskelmagen zerreiben und verdauen. Lassen sie die Gänseküken auf sauberen Wiesen weiden. Sie reagieren empfindlich auf Magenwürmer, die von den erwachsenen Gänsen ausgeschieden werden. Alle Alttiere, die Kontakt zu den Jungen haben, müssen vorher entwurmt werden. Zeigt ein Gänseküken Anzeichen von Wurmbefall, z. B. starken Gewichtsverlust, erkundigen Sie sich bei Ihrem Tierarzt nach einem Mittel, das ins Futter gemischt werden kann (S. 115).

Da sich die Deckfedern auf dem Rücken erst ab der sechsten Woche vollständig entwickeln, müssen Gänseküken vor Regen geschützt werden. Bis dahin können sie bei Kälte und Feuchtigkeit eine Lungenentzündung bekommen. Mit einer Gänsemutter tritt dieses Problem nicht auf. Sie hält die Jungen trocken und ölt ihr Gefieder ein. Küken entwickeln sich zu gesunden Erwachsenen, wenn sie richtig ernährt werden. Beim Weiden fressen sie Gras, bewegen sich und ihre Füße bleiben gesund.

RECHTS Setzen Sie das Aufzuchtgehege für die Gänseküken regelmäßig um, damit sie sauberes Gras finden.

Futter für Jungvögel

Das Starterfutter (Aufzuchtfutter) ist eine echte „Babynahrung". Heranwachsende Jungvögel brauchen zusätzlich ganze Getreidekörner. Mischen Sie zuerst ein paar Weizenkörner in die Aufzuchtpellets. Im Alter von etwa sechs Wochen sollte das Getreide etwa die Hälfte der Futtermenge ausmachen. Füttern Sie die trockene Mischung in einem schweren Napf oder Trog. Bieten Sie parallel dazu Weizenkörner an, die mit Wasser bedeckt sind; Weizen bleibt auch im Wasser fressbar.

Im Alter von 16-18 Wochen, wenn das neue Gefieder vollständig ist, kommen die Junggänse mit Gras aus. Weibliche Enten, die im Alter von 24 Wochen zu legen beginnen, bekommen Weizen und ab der 16. Woche Futter für Legeenten, damit sie sich einen Kalziumvorrat für die Eierschalen anlegen können.

OBEN Bei Vögeln, die mit kommerziellem Futter überfüttert werden, wachsen die Schwungfedern zu schnell. Die Federfollikel, in denen sich die Schwungfedern verlängern, werden zu schwer und drehen sich nach außen, bis der Flügel schief aussieht („Engelsflügel"). Bei Wildtieren kommt diese Anomalie nicht vor. Ihre Follikel sind nach fünf Wochen normal ausgebildet. Sollte diese Verschiebung auftreten, werden die Federn in die korrekte Lage gedrückt und mit Klebeband befestigt. Entfernen Sie das Klebeband nach drei Tagen (ggf. wiederholen).

RECHTS Küken brauchen stets frisches Wasser, in dem sie nicht ertrinken können. In großen Wannen kann sich Kot ansammeln; die üblichen Gänsetränken aus Plastik sind sehr praktisch, vor allem bei heißem Wetter.

Gesundheit und Vorsorge

Kleine Geflügelherden, die unter sauberen Bedingungen gehalten werden, haben eine hohe Lebenserwartung. Ein sauberer Stall mit Streu, frisches Gras, Wasser, ausgewogenes Futter und eine sorgfältige Fürsorge lassen die Tiere gesund älter werden.

Überall lauern Krankheiten: Bakterien aus dem Boden befallen empfindliche Tiere, Wildvögel übertragen Krankheiten und Parasiten, und auch die Menschen, die mit dem Geflügel in Kontakt treten, können Krankheiten weitergeben. Auch Tiere einer Geflügelschau oder neue Mitglieder der Gruppe sind potenzielle Keimträger. Behalten Sie Ihre Tiere im Auge und sorgen Sie vor.

Seit der Maul- und Klauenseuche (2001) und der Vogelgrippe in Europa (2003) ist Schutz und Vorsorge ein wichtiges Thema. In einer kommerziellen Geflügelhaltung, wo Tausende von Tieren auf engem Raum in kürzester Zeit aufgepäppelt werden, ist die Sicherheit von entscheidender Bedeutung. Dort breitet sich eine Krankheit epidemieartig aus.

Bei der Haltung von Geflügel in kleinen Gruppen muss der Schutz anders definiert werden: Der Stall wird regelmäßig ausgemistet und schmutzige Streu kompostiert, das Futter sollte möglichst keine Wildvögel anlocken und der freie Zugang von Menschen zu den Tieren eingeschränkt werden (vor allem, wenn sie selbst Geflügel züchten). Das gilt besonders, wenn eine Krankheit grassiert. Gerade weil private Halter nicht an die strengen Auflagen für kommerzielle Erzeuger gebunden sind, sollte ihnen das Wohl ihrer Tiere besonders am Herzen liegen.

Tägliche Kontrolle

Nehmen Sie sich jeden Tag etwas Zeit für Ihre Vögel, dann können Sie den Gesundheitszustand kontinuierlich verfolgen. Wenn das Geflügel auf Menschen zugeht, aktiv und neugierig ist glänzende Augen hat, ist es gesund. Sollte sich das Verhalten oder die Farbe von Schnabel und Füßen ändern, besteht Grund zur Sorge. Vögel, die langsam gehen, humpeln, abstehendes Gefieder oder trübe Augen haben, sind krank. Gewichtsverlust, ein verklebter After, grüne oder flüssige Ausscheidungen, Appetitlosigkeit oder die Weigerung zu trinken sind typische Alarmsignale.

Vögel richtig hochnehmen

Wenn Sie einen Verdacht haben, nehmen Sie den Vogel hoch und prüfen Sie seinen Gesundheitszustand – erst dann geht es zum Tierarzt. Eine sehr kranke Ente oder Gans läuft nicht weg und lässt sich ohne Gegenwehr anfassen.

Am besten lassen sich Enten und Gänse abends fangen, wenn sie in den Schuppen gehen. Drängen sie den Vogel in eine Ecke. Greifen Sie mit einer Hand unter den Körper, die andere hält einen Flügel fest. Heben Sie den Vogel hoch – das Gewicht lastet auf der Hand – und klemmen Sie ihn unter den Arm (Kopf nach hinten). In dieser Position kann er seine Flügel nicht bewegen.

Vorbeugung

- Beobachten Sie die Tiere, wenn Sie sie füttern und abends in den Stall sperren.
- Sorgen Sie immer für sauberes Trink- und Badewasser.
- Verwenden Sie Futter nur bis zum Verfallsdatum; es darf nicht schimmeln. Die Näpfe müssen peinlich sauber sein.
- Passen Sie das Futter an Ihre Tiere an: Legende Weibchen brauchen anderes Futter als heranwachsende Jungtiere.
- Stellen Sie Steinchen (Grit) bereit; legende Weibchen profitieren von Steinchen mit Kreidezusatz (Kalzium für die Schale), Gänse von grobem Sand.
- Der Stall muss fest und sicher sein, um Raubtiere fernzuhalten; die Vögel brauchen saubere Streu und gute Belüftung.
- Neu erworbene Tiere werden sofort routinemäßig entwurmt; alle anderen zweimal jährlich oder nach Bedarf.
- Überprüfen Sie die Vögel auf Außenparasiten; besonders wenn sie brüten.
- Entfernen Sie alles aus den Gehegen, was Gänsen oder Enten schaden könnte: Schnüre, Drähte, Plastik, Nägel usw.
- Lagern Sie keine giftigen Substanzen in der Nähe der Tiere: Holz-, Frostschutzmittel, Herbizide oder Stickstoffdünger.
- Entfernen Sie giftige Pflanzen: Jakobskreuzkraut, Fingerhut, Nachtschatten (auch Nutzpflanzen, die zur Familie der Nachtschattengewächse gehören, wie Kartoffeln, Tomaten, Auberginen).
- Auf Bauernhöfen könnten Abfalltanks, Gülle oder faulende Pflanzenreste zum Problem werden, besonders im Sommer.
- Halten Sie Ihre Vögel auf sauberem Untergrund, damit sich keine Parasiten ausbreiten. Stellen Sie einen Rotationsplan für das Gehege auf, entwurmen Sie regelmäßig und kalken Sie den Boden, damit der Untergrund nicht krank macht. In einem gekalkten Boden setzen sich weniger Bakterien und Würmer fest.
- Eine gute Vorsorge ist der beste Schutz für Ihre Vögel.

Untersuchung der Vögel

- Schätzen Sie das Gewicht der Tiere ab, insbesondere das Ausmaß der Brustmuskulatur. Zu leichte oder zu schwere Tiere könnten Probleme haben.
- Tasten Sie die Brust ab. Magere Brust und ein vorstehendes Brustbein sind ein Zeichen für Appetitlosigkeit; vielleicht hat der Vogel eine Infektion oder Würmer.
- Suchen Sie an Kopf und Hals nach Außenparasiten; überprüfen Sie auch die Region um die Augen.
- Schauen Sie sich den After an. Gesunde Tiere haben einen sauberen After; Schmutz deutet auf eine Infektion, bei Weibchen auf Legenot hin.
- Bringen Sie dem Tierarzt eine Kotprobe in einem gut verschlossenen Gefäß mit. Er kann sie auf Würmer, Wurmeier und Kokzidien untersuchen.
- Warten Sie nicht mit dem Tierarztbesuch. Viele Krankheiten lassen sich nach einer Früherkennung noch erfolgreich behandeln, während langes Abwarten die Überlebenschancen verringert.
- Antibiotika dürfen nur vom Tierarzt und nur bei einem Bakterienbefall verordnet werden. Er kennt auch die Bestimmungen, welche Antibiotika und Wurmmittel für Enten und Gänse zugelassen sind und kann mit flankierenden Maßnahmen für Ziervögel ein Übriges tun.

KRANKHEITEN

Aspergillose

Symptome: Blutstau in der Lunge, Atembeschwerden.
Ursache: Sporen von Schimmelpilzen, die sich im feuchten Stroh (Heu) oder auf dem Futter vermehren. Die Sporen können sich auch in der Lunge von Menschen festsetzen; Aspergillose ist in der Landwirtschaft verbreitet.
Therapie: Obwohl man die Symptome mit Medikamenten behandeln kann, ist vorbeugen die beste Behandlung: Verwenden Sie kein Stroh, sondern nur saubere Hobelspäne als Streumaterial. Halten Sie die Brutschränke peinlich sauber, denn ein schmutziges Ei kann den ganzen Inkubator mitsamt Inhalt mit *Aspergillus* infizieren. Die Küken stecken sich bereits als Embryo, spätestens nach dem Schlüpfen an.
Vergiftungen mit Aflatoxin äußern sich in ähnlichen Symptomen. Schimmelpilze, die auf Getreidekörnern oder Ölsamen wachsen, produzieren ein Toxin, das die Tiere schädigt. Lagern Sie das Futter trocken und kühl; füttern Sie keine schimmeligen Pellets oder altes Brot.

Botulismus

Symptome: Die Vögel verlieren die Kontrolle über die Muskulatur, also über Beine, Flügel und Hals (auch „schiefer Hals" oder englisch „Limberneck" genannt). Sie können nicht mehr schlucken.
Ursache: Toxine, die von Bakterien (Clostridien) in gammeligem Fleisch und verfaulenden Blättern stammen.
Therapie: Lassen Sie die Enten bei heißem Wetter nicht mehr in schmutziges Teichwasser, das verringert die Gefahr. Die Bakterien vermehren sich bei Wärme und unter anaeroben Bedingungen (ohne Sauerstoff). Befallene Vögel werden mit frischem Wasser versorgt. Wenn nötig, flößen Sie ihnen das Wasser mit einem Schlauch oder einer Plastikspritze ohne Kanüle ein. Geben Sie Magnesiumsulfat ins Wasser. Die Konzentrationsempfehlungen reichen von 1 Esslöffel pro Tasse bis 30 g auf 1,5 Liter Wasser.

Hummelfuß (Ulzerative Pododermatitis)

Symptome: Die Gans hinkt, weil sich unter dem Fuß eine angeschwollene Infektion gebildet hat.
Ursache: Die Antibiotika-Behandlung einer Infektion mit *Staphylococcus* ist fehlgeschlagen.
Therapie: Der Tierarzt muss das infizierte Gewebe operativ entfernen. Es gibt Arzneimittel zum Einreiben (Tierarzt).

Kokzidiose (Rote Ruhr)

Symptome: Blutiger Kot, der vorwiegend morgens, nach der nächtlichen Verdauung auftritt. Tauschen Sie die Streu gegen sauberes Zeitungspapier aus. Die Vögel nehmen ab, weil die Kokzidien die Darmschleimhaut angreifen und die Aufnahme von Nährstoffen verhindern.
Die **Darm-Kokzidiose** befällt vorwiegend Küken; sie zeigen torkelnden Gang, bewegen sich unsicher, haben Durchfall und blutigen Kot. Die Krankheit kann sich über Wochen hinziehen.
Gänse stecken sich mit 3–12 Wochen mit **Nieren-Kokzidiose** an. Sie sind apathisch, schwach und gehen langsam mit hängenden Flügeln. Die Überlebenschancen stehen nicht gut. Jungvögel sind gefährdeter, da ältere Tiere eine gewisse Immunität entwickelt haben.
Ursache: Schmutziges Gehege mit dem Kot Kokzidien übertragender Vögel. Tritt vor allem im Sommer auf.

Therapie: Geben Sie ein Mittel gegen Kokzidien ins Trinkwasser. Sie erhalten es vom Tierarzt. Das vorbeugende Mittel, das Hühnern ins Futter gegeben wird (Kokzidiostatikum) wirkt nicht bei Wassergeflügel.
Wenn die Entenküken auf sauberem Boden aufgezogen werden, sinkt die Gefahr der Ansteckung. Stellen Sie das Freiland-Gehege täglich an eine andere Stelle. Sorgen Sie für sauberes Wasser und füttern Sie Pellets und Weizen. Bei diesen Bedingungen tritt Kokzidiose nur selten auf. Gänse sind anfällig, wenn sie verschmutztes Gras fressen. Angeblich soll Apfelessig vorbeugend wirken.
Ins Geflügelfutter gemischtes Kokzidiostatikum kann einige der Parasiten abtöten. Die Wirkung ist bei Wassergeflügel allerdings umstritten. Während eine Untersuchung ergab, dass die Mittel wirksam seien, berichten Züchter vom Beinah-Tod ihrer Zwergenten. Vielleicht sind sie besonders empfindlich. Da die Mittel speziell für Hühner entwickelt wurden, sollte man bei kleinen Enten äußerst vorsichtig sein.

Koordinationsstörungen

Dieses Symptom tritt sowohl bei Enten als auch bei Gänsen auf und ist noch nicht geklärt. Die Ursache kann eine Infektion des Beins sein. Messen Sie die Temperatur und tasten Sie nach Schwellungen. Auch ein „Transportschaden" oder eine Schädigung der Leber bei älteren Vögeln werden neben Listerien (bei heißen Sommern) als Ursachen genannt.

Legenot

Symptome: Ein weiblicher Vogel setzt sich immer wieder hin und wirkt lethargisch. Sie versucht, das Ei auszupressen und bewegt dabei den Schwanz auf und ab, schafft es aber nicht. Ihr After ist meistens schmutzig und manchmal drückt sie rosafarbenes Gewebe aus. Wenn das Ei hart ist und eine feste Schale hat, können Sie es zwischen den Knochen fühlen. Aber auch weiche Eier, bei denen die Schale nicht gebildet wurde, bereiten Legenot.

Ursache: Kaltes Wetter, Regen, Kalzium- und Magnesiummangel. Die Mineralien werden zur Bildung einer festen Schale benötigt. Sind diese nicht vorhanden, haben die Eier nur eine Eimembran ohne Schale oder die Schale ist sehr rau. Eier mit fester, glatter Schale lassen sich leichter legen als solche mit weicher oder rauer Schale. Kalzium ist auch für die Muskelkontraktionen erforderlich, die das Ei durch den Legedarm nach außen befördern.
Therapie: Langfristig helfen eine gute Ernährung mit Pellets für legende Weibchen; sie enthalten Kalzium und Magnesium. Bieten Sie auch Mischfutter mit Steinchen an. Wenn der Boden in Ihrem Grundstück sauer ist, streuen Sie gelöschten Kalk oder Algendünger mit Kalzium aus; das ist vor allem in regenreichen Regionen wichtig.
Kurzfristig wird das betroffene Weibchen in eine 24–28 °C warme Umgebung gebracht. Fügen Sie dem Futter eine Kalziumquelle, wie Calcivet bei. Es wird oral aufgenommen und verbessert den Kalziumhaushalt. Das Mittel sollte aber nur kurzfristig genommen werden, um den Kalziummangel auszugleichen, es ist nicht für eine Grundversorgung geeignet. Andere Hersteller bieten Kalzium in Tablettenform an und schließlich kann ein Tierarzt in Notfällen auch Kalziumspritzen verabreichen. Helfen Sie zahmen Vögeln mit einem Bad in warmem Wasser und schieben Sie das Ei zur selben Zeit wie das Tier vorsichtig Richtung After. In schweren Fällen kann der Tierarzt das Ei mit einer Pinzette zerstören, den Inhalt aussaugen und die Schale herausziehen. In diesem Fall besteht die Gefahr einer Infektion. Überlassen Sie die „Operation" dem Tierarzt, der mit Antibiotika nachbehandeln kann.
Wenn sich in extremen Fällen der Legedarm nach außen stülpt (Vorfall), hat das Tier kaum eine Überlebenschance. Lässt sich das Ei jedoch vorher entfernen, kann der Vogel häufig wieder normal legen, ohne dass Probleme auftreten. Sollte das Ei sehr hoch im Legedarm stecken bleiben, besteht keine Hoffnung mehr – ersparen Sie ihm die Qual. Zwergenten sind besonders anfällig für diese Krankheit.

Zungenfall

Symptome: Die orangefarbene Haut des Unterschnabels fällt nach unten; das Tier scheint einen „zweiten Schnabel" zu haben. Es hat Schwierigkeiten zu fressen, insbesondere zu grasen. Es schüttelt den Kopf und nimmt ab.
Ursache: Bei den schweren Gänserassen, vor allem jenen mit einer Kehlwamme, kann Grit unter der Zunge kleben bleiben. Durch die Reizung fällt der weiche Mittelteil des Unterschnabels nach unten, die Zunge sackt ab und verschlimmert das Ganze.
Therapie: Dieser Fehler tritt nur selten auf. Reinigen Sie zuerst gründlich den Schnabel. Wenn es sich nicht bessert, kann der Tierarzt die lockere Haut nähen. Noch besser sind eine operative Entfernung und ein Vernähen der Wunde, um eine Infektion zu verhindern. Die Operation heilt folgenlos aus.

Darmentzündung

Virale Darmentzündung tritt bei Enten, Gänsen und Schwänen auf, ist allerdings selten. Die meisten infizierten Tiere sterben daran.
Symptome: Die Vögel sind lustlos und scheiden rosafarbenen Kot aus. Der Schnabel wird blau (Zyanose).
Ursache: Ein Herpes-Virus, der von wilden Stockenten übertragen wird.
Therapie: Die einzige Möglichkeit ist eine Schutzimpfung für die übrigen Tiere. Vögel, die eine Virusinfektion überstanden haben, sind immun gegen eine Neuinfektion.

Bakterielle Darmentzündung
Symptome: Lethargie, Appetitlosigkeit; die Vögel trinken nur noch; rosa Ausscheidungen.
Ursache: Wahrscheinlich durch Wildvögel übertragen. Betrifft vor allem die Küken, die älteren Tiere scheinen Immunität erworben zu haben.
Therapie: Lösliche Antibiotika vom Tierarzt; sie müssen in einem sehr frühen Stadium ins Trinkwasser gemischt werden und den Tieren darf nur dieses Wasser zur Verfügung stehen.

Setzen Sie das Gehege auf sauberen Untergrund um. Die Gefahr verringert sich, wenn die Küken auf sauberen Böden aufgezogen werden.

Lahmen

Symptome: Die Vögel humpeln, geschwollene Gelenke.
Ursache: Bakterielle Infektion, beispielsweise mit *Staphylococcus*.
Therapie: Antibiotikainjektionen vom Tierarzt.

Krebs

Enten, häufiger jedoch Gänse, können an bösartigen Tumoren erkranken. Die Geschwüre treten an den Flügeln, am Kopf und Unterkörper auf, wo sie im weichen Gewebe gut zu ertasten sind. Bei Tumoren im Körper werden die Tiere häufig sehr schwer und krank. Erlösen Sie die Tiere, anstatt sie leiden zu lassen.
Zum Glück sind Tumore selten. Eine Geschwulst im Gesicht könnte auch eine Nebenhöhlenentzündung sein – konsultieren Sie den Tierarzt.

Milben und Läuse

Symptome: Die Tiere kratzen sich ständig. Europäische Vogelmilben leben auf der Haut und saugen Blut. Damit unterscheiden sie sich von den Roten Vogelmilben, die in Hühnerställen leben. Auch die Läuse sitzen direkt auf der Haut der Tiere. Sie haften an den Federn und sehen grau aus. Prüfen Sie Haut und Federbasis am Kopf und am After, vor allem bei älteren oder brütenden Tieren.
Ursache: Die Europäische Vogelmilbe wird von neu gekauften Tieren oder bei Geflügelschauen übertragen, gelegentlich auch von frei fliegenden Wildvögeln.
Therapie: Einstäuben mit einem gängigen Mittel. Fragen Sie Ihren Tierarzt; er kann auch andere, flüssige Mittel empfehlen, die gegen innere und äußere Parasiten wirken (beispielsweise Ivermectin).
In Tiergeschäften oder für Agrarbedarf werden auch biologische Mittel angeboten. Sie enthalten Pflanzenöle als Hauptwirkstoff.
Chemische Mittel gegen Läuse und Milben müssen mindestens zweimal angewendet werden, weil sie gegen die Eier der Parasiten wirkungslos bleiben. Wenn der Lebenszyklus des Parasiten (Ei bis erwachsene Form) in 7–10 Tagen abgeschlossen ist (Rote Vogelmilbe), müssen die Tiere zwei- bis dreimal im Abstand von 8–10 Tagen behandelt werden. Biologische Mittel dürfen sogar dauerhaft angewendet werden.

Bleivergiftung

Symptome: Verlust der Koordination, Gewichtsverlust.
Ursache: Bleikügelchen, die von den Tieren als „Steinchen" verschluckt wurden.
Vorbeugen: Stellen Sie sicher, dass kein Blei im Gehege liegt und stellen Sie ausreichend „Grit" zur Verfügung.

Pasteurellose (Geflügelcholera)

Symptome: Appetitlosigkeit, ständiger Durst, wässrige, dann grüne Ausscheidungen; Verlust der Koordination.
Ursache: Bakterien befallen empfindliche Vögel.
Therapie: Eine sofortige Behandlung mit intramuskulär injizierten Antibiotika (Tierarzt) kann größere Vögel noch retten. Kleinere Tiere sterben an der Infektion. Bekämpfen Sie Überträger, wie z. B. Ratten.

Vorfall (Prolapsie)

Symptome: Bei Männchen stülpt sich der Penis nach außen; häufiger bei Erpeln als bei Gantern. Bei den Weibchen kann sich der untere Teil des Legedarms nach außen stülpen.
Ursache: Bei Männchen können zu häufige Paarungen die Ursache sein, bei den Weibchen Probleme bei der Eiablage; siehe Legenot.
Therapie: Drücken Sie das Organ vorsichtig in den Körper zurück. Sollte das Problem immer wieder auftreten, sollte das Tier getötet werden.

Atemprobleme

Symptome: Der Vogel sitzt mit krummem Rücken und bewegt beim Atmen den Schwanz auf und ab.
Ursache: Bakterielle Infektion, vor allem bei sehr feuchten Wetterlagen. Die Symptome gleichen der Aspergillose, aber Vögel mit Pilzinfektion reagieren nicht auf Antibiotika.
Therapie: Behandlung mit Antibiotika. Die Vogellungen sind kompliziert aufgebaut. Daher lassen sich Infektionen nur langfristig kurieren.

Nebenhöhlen

Symptome: Laufende Nase und dicke Wangen.
Ursache: Bakterien aus der Umgebung sind in die Nebenhöhlen gewandert und haben eine Infektion ausgelöst. Vorwiegend sind Zwerg-, weniger andere Entenrassen, betroffen.
Therapie: Der Tierarzt kann die Krankheit mit geeigneten Antibiotika bekämpfen. Gehen Sie bereits bei den ersten Anzeichen zum Tierarzt, denn die Infektion kann nur im Anfangsstadium bekämpft werden. Sobald sich die Wangen verhärten, ist keine Behandlung mehr möglich.

Schiefer Flügel (Engelsflügel)

Symptome: Bei Jungvögeln drehen sich die Federn der Handschwingen nach außen oder hängen herunter.
Ursache: Das Futter der Jungvögel ist zu proteinreich: Sie wachsen zu schnell. In den Federfollikeln sammelt sich zu viel Blut, bis sie so schwer werden, dass die Flügel das Gewicht nicht mehr tragen.
Vorbeugen: Füttern Sie die Jungvögel in der fünften bis achten Woche (dann bilden sich die Handschwingen) mit proteinärmerem Futter. Weichen Sie für die Zucht auf andere Eltern aus, falls das Problem erneut auftritt.

Nasse Federn

Die Federn des Vogels sehen schmutzig, unordentlich und nass aus; siehe S. 19.

Würmer

Geben Sie Ihren Tiere zweimal jährlich eine Wurmkur. Auch wenn einzelne Tiere krank aussehen oder husten, werden sie entwurmt. Enten scheinen weniger unter Würmern zu leiden als Gänse, doch jedes Tier, das auffallend untergewichtig ist, sollte behandelt werden. Typische Anzeichen eines Wurmbefalls sind Gewichtsverlust (das Brustbein ist fühlbar) und mit Blut verschmierter After.

Wenn Sie einen Vogel entwurmt haben, kommt er über Nacht in eine Einzelbox, die mit Zeitung ausgelegt wird. Sammeln Sie ausgeschiedene Rundwürmer und Kot. Der Tierarzt kann anhand der Eier die Art bestimmen.

Wurmbefall bei Wassergeflügel:

- Magenwürmer (*Amidostomum*) können zum Tod von Gänsen führen.
- Luftröhrenwürmer (*Syngamus; Cyathostoma* bei Gänsen) bringen die Tiere zum Husten; in extremen Fällen ersticken die Tiere.
- Rundwürmer (*Ascarides*) leben im Darm; sie sind gelegentlich im Kot zu sehen.
- Blinddarmwürmer (*Heterakis*) leben in den 2 blind endenden Ausbuchtungen des Darms.
- Band- und Saugwürmer.

Die meisten Arten brauchen Regenwürmer oder Insekten als Zwischenwirte, Wildvögel sind Überträger. Selbst im saubersten Gehege sind stets auch Parasiten vorhanden. Je mehr Vögel auf engem Raum über einen längeren Zeitraum zusammenleben, desto häufiger sollten sie routinemäßig entwurmt werden. Tun Sie ein Übriges und kalken Sie den Boden, lassen Sie ihn in der Sonne regenerieren und setzen Sie das Gehege regelmäßig um.

RECHTS Ein Pärchen Blauer Schwedischer Enten genießt das frische Gras.

Therapie

Das wichtigste Entwurmungsmittel für Geflügel dürfte Flubenol sein, das Sie beim Tierarzt bekommen. Es wird als Pulver oder als Gel angeboten und darf nur bei Geflügel angewendet werden. In der richtigen Dosierung tötet es alle oben genannten Würmer ab. Sprechen Sie Dosierung und Anwendung mit dem Tierarzt ab. Gewöhnlich nimmt man bei Gänsen und Hühnern 1,2 g des Pulvers pro Kilo Futter, das entspricht einem Teelöffel auf 3 kg Futter. Für die Messung reicht eine digitale Küchenwaage aus. Da das Pulver besonders gut an Pellets haftet, werden die Vögel während der Entwurmung ausschließlich mit Pellets gefüttert. Mischen Sie pulverförmiges Flubenol mit einem Löffel unter, es klebt sonst an den Fingern. Das Mittel hat nur einen Nachteil: Für eine effektive Wirkung muss Flubenol eine Woche lang dem Futter beigemischt werden. Für akut erkrankte Vögel, die nicht fressen, ist diese Behandlung nicht ausreichend. In diesem Fall kennt der Tierarzt andere Medikamente, die als einmalige Dosis über den Schlund eingeführt werden. Solche Produkte sind für Gänse besser geeignet, die nicht so gern Pellets fressen.

Ivermectin hat eine eingeschränkte Wirksamkeit; es hilft nicht gegen Band- und Saugwürmer. Dennoch ist es ein wichtiges Medikament, weil es Ektoparasiten tötet.

Diese Liste der Krankheiten ist nicht vollständig. So sind typische Krankheiten der Großgeflügelzucht nicht enthalten: Vogelgrippe, Tuberkulose, Kropfverstopfung, Salmonellen, Atypische Geflügelpest (Newcastle-Krankheit) und andere. Enten und Gänse sind weniger anfällig gegenüber Krankheiten als Hühner. Sie brauchen nicht gegen die Marek-sche Krankheit, Gumboro-Krankheit oder Infektiöse Bronchitis geimpft zu werden. Denken Sie daran: Nach jeder Behandlung dürfen die Enten- und Gänseeier für mindestens eine Woche nicht mehr verzehrt werden.

Eier und Federn

Eine kleine Herde Wassergeflügel kann ganz neue Interessen und Hobbys wecken – abgesehen vom „Gänsehüten“ auf einer sommerlichen Wiese. Beim Rupfen von Vögeln für die Küche fallen Federn und Daunen an, Gänsekiele und Eier geben nicht nur attraktive Dekorationsobjekte ab, sie lassen sich auch praktisch verwenden.

Wie wäre es mit der uralten Kunst der Kalligrafie? Auch der berühmte Goldschmied Fabergé ließ sich wahrscheinlich von kunstvoll bemalten Gänseeiern inspirieren. Bemalen Sie die Eier, kleben Sie Sticker auf oder nutzen Sie die Découpage-Technik. Zum Abschluss noch etwas für Köchinnen und Köche: Beim Backen sind Enteneier einfach unschlagbar – die Rezepte werden Sie überzeugen.

Eier bemalen und verzieren

Es gibt Eier in allen möglichen Größen. In Ländern mit den traditionell bemalten Ostereiern wurden allerdings meist Hühnereier verwendet. Die Eier-Rollspiele mit hart gekochten und bemalten Eiern sind weniger bekannt.

Zunächst müssen Sie das Ei ausblasen, damit der Inhalt nicht verdirbt. Die leere Schale ist lange haltbar.

In Polen ist es seit langem Tradition, Ostereier zu bemalen. Dabei wird die Schale mit einer dünnen Schicht geschmolzenen Wachses überzogen und die Motive hineingeätzt. Bei einer anderen Technik werden die Motive mit flüssigem Wachs auf die saubere Schale gemalt. Wird das Ei in Farbe getaucht, bleiben die gewachsten Stellen farbfrei. Einen ähnlichen Effekt erzielen Sie, wenn Sie die Motive schichtweise mit Acrylfarbe aufmalen. Auch mit der Découpage-Technik – kleine, ausgeschnittene Formen aus Papier werden übereinander geklebt – bekommen Sie sehr dekorative Eier.

Gänseeier ausblasen

Enteneier lassen sich nicht gut ausblasen, weil die Schale relativ zerbrechlich ist. Gänseeier eignen sich viel besser, allerdings verlangen die härtere Schale und das zähflüssige Eiklar (im Vergleich mit Hühnereiern) eine besondere Vorgehensweise. Auch wenn die sehr großen Gänseeier mit doppeltem Dotter noch so verlockend aussehen, sie lassen sich nicht gut ausblasen, weil die Schale zu dünn ist.

1. Bohren Sie ein Loch in das spitze Ende des Eis (Nadel, sehr spitzes Messer). Machen Sie zunächst ein kleines Loch, das vorsichtig erweitert wird.
2. Bohren Sie ein Loch am stumpfen Ende. Damit der Inhalt ausfließen kann, muss es 4 mm Durchmesser haben. Am spitzen Ende, dort blasen Sie hinein, kann es etwas enger sein.
3. Stecken Sie eine Stricknadel in das Loch am stumpfen Ende und zerstören Sie die Membranen. Schütteln Sie das Ei kräftig.
4. Pusten Sie durch das enge Loch, bis der Inhalt des Eis ausfließt (in eine Schale). Üben Sie nicht zu viel Druck aus, denken Sie an Ihre Ohren!
5. Waschen Sie die Schale gründlich und spülen Sie mit einem verdünnten Desinfektionsmittel durch. Lassen Sie das Ei ganz austrocknen.
6. Zu große Löcher verschwinden später unter einem dekorativen Aufkleber.

Wenn Sie sehr viele Eier brauchen, können Sie den Inhalt auch mit einer Pumpe aussaugen.

Gestaltungsideen

Die großen Gänseeier und die noch größeren Eier von Emus und Straußen haben eine sehr dicke, stabile Schale. Sie lassen sich zu kunstvollen Mustern zerschneiden und mit Perlen und falschen Edelsteinen bekleben. Die berühmten Fabergé-Eier für den russischen Zarenhof bestanden allerdings aus Gold und echten Juwelen.

Bevor Sie zu schneiden beginnen, wird das geplante Motiv dünn mit einem Bleistift auf die Schale übertragen. Benutzen Sie zum Schneiden Skalpelle oder Laubsägeblätter; beginnen Sie bei den beiden vorhandenen Löchern. In Bastelgeschäften gibt es auch feine elektrische Bohrmaschinen mit Zubehör zum Bohren und Fräsen. Lassen Sie sich bei den aufgeklebten Verzierungen vom Angebot in Bastel- und Handarbeitsgeschäften oder im Internet inspirieren. Hübsch verzierte Eier sind nicht nur Schmuck für die eigene Wohnung, sondern auch ganz besondere Geschenke.

Federn und Daunen

Vor den Erfindungen des Industriezeitalters, vor allem Kunststoffe aus Erdöl, gehörten Federn, Daunen und Federkiele von Gänsen und Enten zum täglichen Leben. Dennoch werden auch heute noch natürliche Materialien verwendet, einige aus nachhaltiger Tierzucht und -haltung.

Früher lieferten die Federn und Daunen von Enten und Gänsen das beste Material für weiches Bettzeug. Während die Armen ihre Matratzen mit Stroh ausstopften, leisteten sich die Reichen ein Federbett. Inzwischen hat die Matratze mit Sprungfedern oder aus Kunststoff die Feder-/Strohmatratze verdrängt, doch die besten Federbetten und Kissen werden immer noch aus den Daunen der Eiderente oder von Gänsen herstellt – nicht aus Polyester.

Die Daunen werden in Island aus den Nestern von wilden Eiderenten nachhaltig gesammelt. Gänsedaunen fallen als Nebenprodukt der Gänsezucht in Osteuropa an. Dabei werden die Daunen aber nicht nur nach dem Tod der Tiere gerupft, sondern die Gänse müssen mindestens dreimal jährlich das Rupfen bei lebendigem Leib überstehen, damit sie Federn und Daunen der besten Qualität liefern. Nach Aussagen der FAO wurde diese Praxis bis in die 1990er-Jahre in Polen noch praktiziert.

Für die bei Hobbyhaltern anfallenden Daunen hat sich eine alte Praxis bewährt, die in einem Text von 1902 beschrieben wird: „Die meisten Bauersfrauen legen die Federn auf Papier auf den Boden eines nicht benutzten Zimmers und schlagen vorsichtig Staub oder Schmutz heraus. Dann wird der Kiel abgeschnitten und die Daunen in Säcke gesteckt. Die Säcke kommen nach dem Backen in den noch warmen Backofen und bleiben darin liegen. Nach einigen Wochen werden die Säcke in einem gut belüfteten Raum nebeneinander aufgehängt, bis sie völlig trocken sind. Erst danach werden sie ins Bett, in Kissen oder Bettdecken gefüllt."

Schwungfedern

Als die englischen Armeen noch mit Pfeil und Langbogen gegen Ritter kämpften, wie in den Schlachten von Crécy (1346) und Agincourt (1415), waren die Gänsefedern unverzichtbar: Die Bogenschützen klebten sie an ihre Pfeile, um die Flugbahn zu stabilisieren. Die Federn holten sie sich von Bauernhöfen, meist aber von wilden Graugänsen.

Federn in der Schreibkunst

Früher benutzte man Schilfrohre, um Schriftzeichen in Tontafeln zu ritzen oder auf Papyrus zu schreiben. Einige der Schriftrollen vom Toten Meer sollen aber schon mit einem Gänsekiel geschrieben worden sein. Diese Technik gelangte um 700 n. Chr. nach Europa. Die Mönche des Mittelalters schrieben ihre Texte mit Gänsekielen, vermutlich auch mit Krähen- oder Schwanenfedern, auf Pergament. Die Federn der besten Qualität wurden den lebendigen Vögeln aus der Haut gerissen. Die Federn, die bei der Mauser ausfielen, waren bereits zu abgenutzt. Schwungfedern eigneten sich besonders gut zum Schreiben, weil sie asymmetrisch gebaut und länger waren. Da sich die Federkiele leicht nach innen krümmen, bevorzugten Rechtshänder die Federn des linken Flügels, Linkshänder bedienten sich an der rechten Schwinge. Insofern gab es schon immer ergonomische Schreibwerkzeuge.

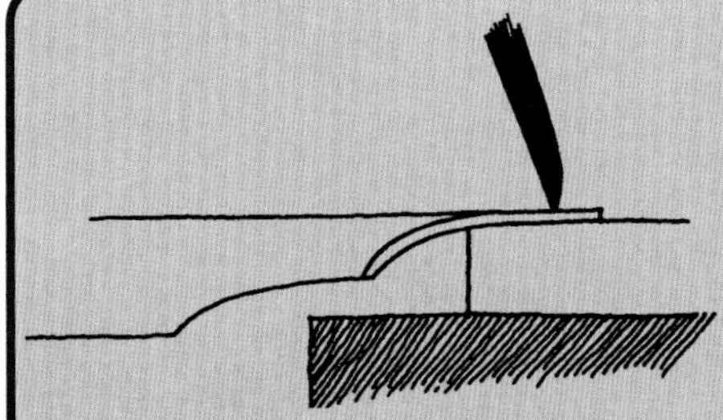

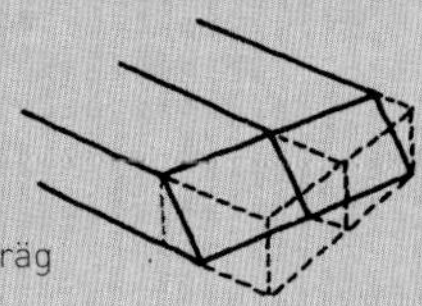

Der Schnitt wird schräg geführt, nach rechts geneigt.

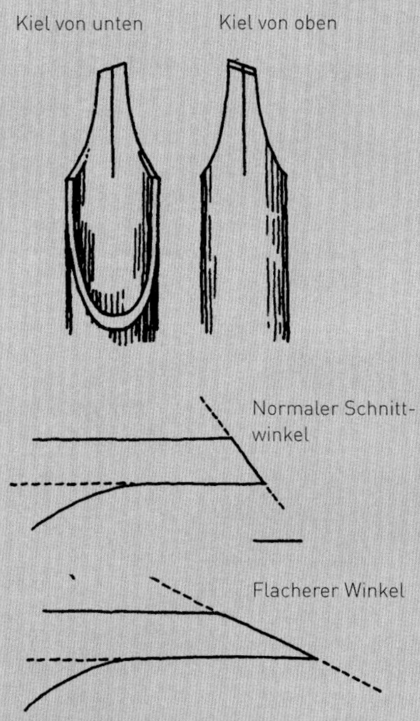

Schneiden Sie die Kielspitze mit einem sehr scharfen Messer ein; für Rechtshänder wird die Spitze schräg und nach rechts geneigt abgeschnitten.

Schreibfedern herstellen

Die dazu notwendigen Schwungfedern von Gänsen werden auch in Bastelläden angeboten. Kaufen Sie mehrere Exemplare, denn die Qualität variiert. Üben Sie den Schnitt und das Schreiben zunächst mit Federn schlechterer Qualität. Federn mit großem Schaft fassen mehr Tinte. Die Form der Federn richtet sich danach, aus welchem Flügelabschnitt sie stammen. Besitzer einer eigenen Gänseherde können sich nach der Mauser bedienen.

Grundsätzlich kann die Fahne an der Feder verbleiben, doch die Schreiber der Vergangenheit schnitten zumeist den unteren Teil ab. Es ist günstiger, alle störenden Fahnenstrahlen oder Flaum an der Spitze abzuschaben, damit sie sich nicht mit Tinte vollsaugen.

Da das Ende einer Feder fast geschlossen ist, muss sie schräg eingeschnitten werden, um Tinte aufzunehmen: Legen Sie die Feder auf ein Brett und führen Sie einen schrägen, geschwungenen Schnitt auf der Unterseite des Federkiels. Dann wird die entstandene Spitze in Längsrichtung eingeschnitten (Tintenfluss). Schneiden Sie die äußerste Spitze sauber nach. Benutzen Sie dazu ein sehr scharfes Messer oder eine Schere.

Der Federkiel wird härter, wenn Sie ihn „backen". Erhitzen Sie eine Schale mit Sand bei 175–190 °C im Backofen. Sobald der Sand die Temperatur angenommen hat, holen Sie die Schale heraus und stecken Sie die Federkiele so tief wie möglich hinein. Sie bleiben darin, bis der Sand abgekühlt ist. Nun ist der Federkiel fertig.

Für einen kalligrafischen Text ist der per Hand geschnittene Gänsekiel unvergleichlich. Er ist hart und flexibel zugleich, besser als jede Stahlfeder. Üben Sie auf dickerem Papier; es nimmt die Tinte besser an. Wenn Sie Übung haben, können Sie zu glatterem Papier übergehen.

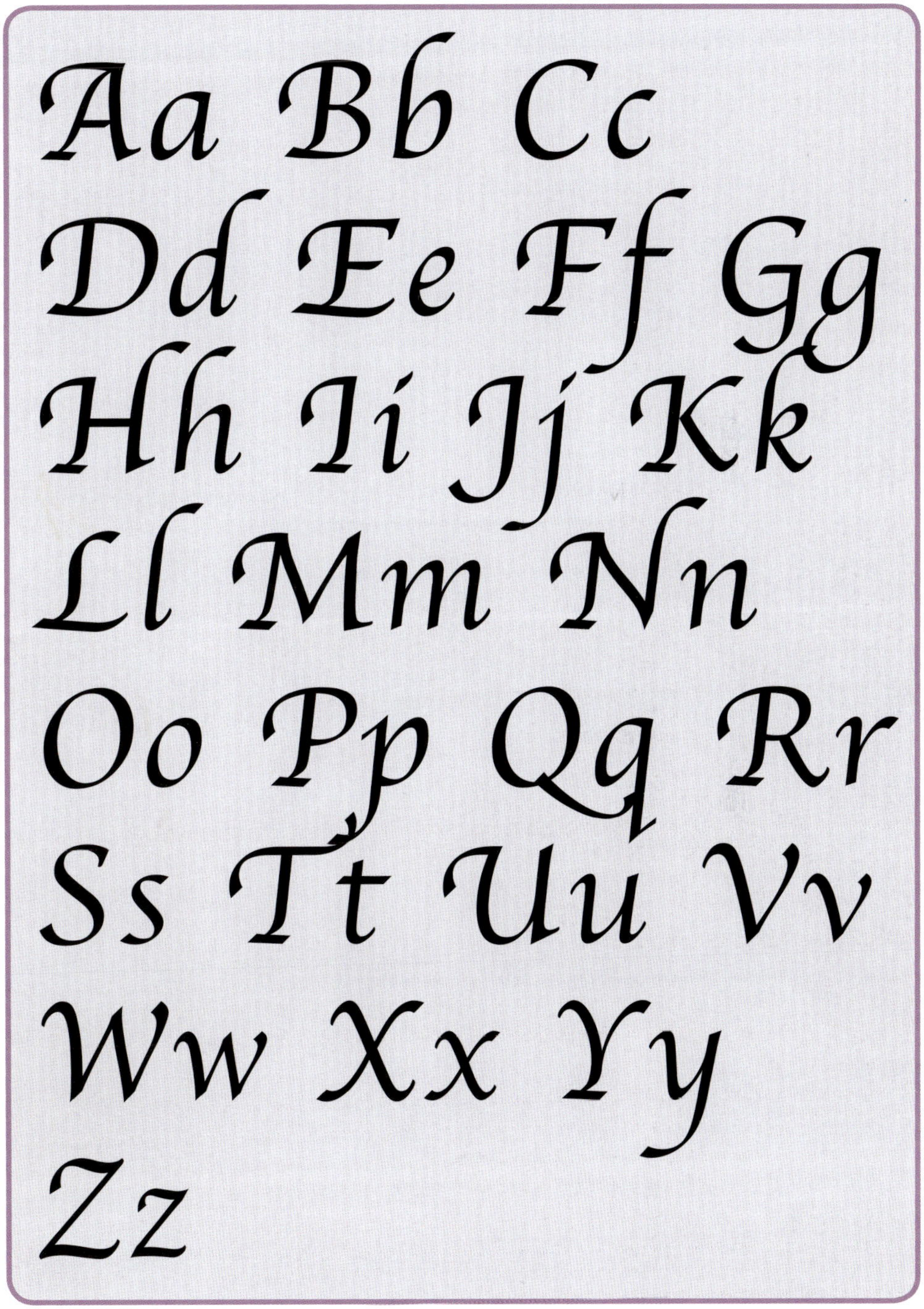

Rezepte für Gänse- und Enteneier

Köche lieben Enteneier. Sie müssen wie Hühnereier aus sauberen Nestern stammen, innerhalb von zwei Wochen verarbeitet und gut erhitzt werden. Dann allerdings sind sie köstlicher und für viele Gerichte besser geeignet als Hühnereier.

Das durchschnittliche Ei einer Laufente wiegt 70 g und ist etwa so groß wie ein großes Hühnerei. Da sich die Eiergröße von Rasse zu Rasse unterscheidet, müssen Sie die verwendeten Eier auswiegen und die Menge pro Rezept angleichen.

Enten- und Gänseeier enthalten weniger Wasser, aber mehr Protein und Fett als Hühnereier. Sie schmecken cremiger und sind optimal für Kuchen. Angeblich lässt sich das Eiweiß nicht so leicht schaumig schlagen wie beim Hühnerei. Mit schaumig geschlagenem Eiweiß braucht ein Kuchen kein Treibmittel mehr und entfaltet den vollen Geschmack seiner Zutaten. Die Qualität von Enteneiern schlägt sich auch im Preis nieder – sie sind teuer.

Enteneier sind auf dem chinesischen Speisezettel sehr begehrt; sie werden nach traditionellen südostasiatischen Rezepten in Salzlauge eingelegt.

Orangenkuchen mit Mandeln

Zutaten für den Kuchen

6 Enteneier, getrennt (Gesamtgewicht 400 g); oder getrennte Gänseeier mit demselben Gesamtgewicht
240 g Zucker
200 g gemahlene Mandeln
50 g Gries
geriebene Schale einer unbehandelten Zitrone oder Orange (optimal sind Bitterorangen)
Gehobelte Mandeln zur Dekoration

Zutaten für den Sirup

Saft von 4–6 Orangen
Saft von einer Zitrone
Zucker nach Belieben

Heizen Sie den Backofen auf 180 °C vor und legen Sie die Kuchenform mit Backpapier aus. Verrühren Sie das Eigelb mit Zucker; dann geriebene Schale, Mandeln und Gries beimischen. Schlagen Sie in einer anderen Schüssel das Eiweiß steif. Mischen Sie es mit der Zucker-Ei-Mischung. Gießen Sie die Masse in die Form und backen Sie den Kuchen eine Stunde auf der mittleren Schiene.

Mischen Sie die Zutaten für den Sirup in einer Kasserolle und bringen Sie den Saft zum Kochen. Lassen Sie ihn einige Minuten eindicken;

Kaffeekuchen

Dieses Rezept ergibt den traditionellen englischen Victoria Sandwich Kuchen, der aber durch den Kaffee, das Vollkornmehl aus biologischem Anbau und das geschlagene Eiweiß der Enteneier seinen besonderen Pfiff erhält.

Zutaten für den Kuchen
180 g Zucker
180 g Margarine
3 Enteneier, getrennt (je etwa 70 g)
180 g Vollkornmehl aus biologischem Anbau
Kaffeeessenz: 2 EL Kaffeepulver, aufgelöst in 3 EL heißem Wasser
Kirschen und/oder Walnusshälften zur Dekoration

Zutaten für die Glasur
Puderzucker
etwas Butter oder Margarine, um die Mischung cremig zu rühren
Kaffeeessenz: 2 EL Kaffeepulver, aufgelöst in 3 EL heißem Wasser, dazu etwas Wasser zum Mischen

Heizen Sie den Backofen auf 180 °C vor und legen Sie eine Kuchenform mit Backpapier aus, damit sich der Kuchen leichter lösen lässt.

Rühren Sie Zucker und Margarine mit einem Holzlöffel zu einer hellen, cremigen Masse zusammen. Geben Sie die einzelnen Eigelbe nacheinander dazu, bis sich alle Zutaten gut vermischt haben.

Schlagen Sie das Eiweiß schaumig und ziehen Sie es mit einem Metalllöffel vorsichtig unter. Danach wird das gesiebte Mehl vorsichtig untergemischt – die Mischung sollte möglichst luftig ausfallen. Zum Schluss kommt die Kaffeeessenz dazu (so wenig Wasser wie möglich).

Gießen Sie die Masse in die Form und backen Sie ihn auf der mittleren Schiene etwa 40 Minuten. Er sollte sich fest anfühlen.

Holen Sie den Kuchen aus der Form, wenn er abgekühlt ist. Mischen Sie die Zutaten für die Glasur: Butter oder Margarine verhindern, dass die Mischung zu flüssig wird. Schneiden Sie den Kuchen in der Mitte auseinander und schmieren Sie die Hälfte der Masse auf die untere Hälfte. Setzen Sie die obere Hälfte darauf und verteilen Sie die restliche Glasur darauf. Dekorieren Sie mit Kirschen und Walnüssen.

Creme aus Gänseeiern – Crème caramel

Aus Gänseeiern lässt sich die perfekte Crème caramel zubereiten. Die Eier von frei laufenden Gänsen enthalten ein herrlich orangefarbenes Eigelb, das der Crème ihre einzigartige Farbe verleiht. Außerdem sorgt das Ei für eine außergewöhnlich cremige Konsistenz.

Zutaten
2–3 Gänseeier, etwa 140–210 g
600 ml Milch (Halbfett- oder Vollmilch)
1 EL Zucker, dazu 150 g für das Karamell

Stellen Sie zunächst das Karamell her. Heizen Sie eine feuerfeste Glasschüssel (sie muss alle Zutaten aufnehmen können) vor. Lösen Sie den Zucker in 75 ml Wasser in einer Kasserolle und erhitzen sie bis zum Kochen, bis die Flüssigkeit braun wird. Nicht mit einem Löffel umrühren. Erhitzen Sie den Zuckersirup so lange, bis er die gewünschte Farbe hat. Vorsicht, er kann anbrennen! Stellen Sie die vorgeheizte Schüssel auf eine feuerfeste Unterlage und gießen Sie das heiße Karamell hinein. Es wird sofort stocken. Bereiten Sie das Karamell ruhig vorher zu.

Heizen Sie den Backofen auf 120 °C vor. Schlagen Sie die Eier mit Milch und Zucker in einer Kasserolle schaumig. Erhitzen Sie die Mischung vorsichtig auf etwa 40 °C (etwas wärmer als Körpertemperatur); gut rühren, damit sie nicht ansetzt. Dann gießen Sie die Mischung in die Glasschüssel. Die Schüssel kommt ins Wasserbad in den Ofen. Die erhitzte Eiermischung und das Wasserbad lassen alles schneller garen, ohne die Crème zu verbrennen. Wenn Sie den Backofen auf 170 °C heizen, dauert es etwa eine Stunde. Die Eiercrème muss sich setzen, ohne zu kochen: für die Struktur der Crème sind zwei Stunden bei 120 °C besser (bei kleineren Mengen reduziert sich die Backzeit). Schütteln Sie die Schüssel vorsichtig hin und her, um zu prüfen, ob die Creme fest ist.

Eingelegte Eier

So lassen sich Eier bestens konservieren und sehen in einem ansprechenden Glas sehr dekorativ aus. Das Rezept für einlegte Eier ist einfach; sie passen zu Salaten, kaltem Fleisch, Fisch oder auf ein Sandwich.

Zutaten
Eier, Essig: brauner Malzessig oder klarer Weinessig, Schwarze Pfefferkörner, Rosmarin, Chilischoten, Knoblauchzwiebeln, Lorbeerblatt, Zitronenschale

Die jeweiligen Mengen richten sich nach der Zahl der Eier und der Größe des Glases. In der Regel reicht es, das vorgesehene Gefäß zur Hälfte mit der Essigmischung zu füllen, dann kommen die Eier dazu.

Kochen Sie die Eier in 10 Minuten hart; abschrecken, in kaltem Wasser abkühlen lassen und pellen. Nehmen Sie für dieses Rezept etwa zwei Wochen alte Eier. Bei „jüngeren" Eiern klebt dic Schale zu fest am Eiweiß.

Geben Sie die Eier in ein sauberes Glas, möglichst mit einem Gummiring am Verschluss.

Bereiten Sie den Essig vor. Prinzipiell eignet sich jeder Essig, doch alle dunklen Sorten (Malzessig) färben auch die Eier dunkel. Bringen Sie den Essig mit Pfefferkörnern, Chilischoten und einem Lorbeerblatt in einer Soßenpfanne zum Kochen; einige Minuten simmern lassen. Gießen Sie den noch warmen Essig über die Eier und schließen Sie das Glas; so werden die eingelegten Eier noch besser konserviert. Die Eier sind bis zu einem halben Jahr haltbar.

Nützliche Adressen

VHGW e.V.
Verband der Hühner-, Groß-, und Wassergeflügelzüchtervereine
Max-Friesenegger-Str. 22
86899 Landberg
Tel: 08191/922022
www.vhgw.de

BDRG e.V.
Bund Deutscher Rassegeflügelzüchter
Oststraße 1
59555 Lippstadt
Tel: 02941/57293
Fax: 02941/273964
www.bdrg.de

VZI e.V.
Verband zur Arterhaltung von Zier- / Wildgeflügel im BDRG
Am Krummen Arm 8
28879 Grasberg
Tel: 04208/2112
Fax:04208/894459
www.vzi.de

LVRKTZ OÖ
Landesverband der Rassekleintierzuchtvereine Oberösterreich
Sinzinger Straße 16
5121 Ostermiething
www.lvrktzv-ooe.at

Rassegeflügel Schweiz
Rainstrasse 55
5013 Niedergösgen
Tel: 062 849 45 03)
www.kleintiere-schweiz.ch

Europäischer Verband für Geflügel-, Tauben-, Vogel-, Kaninchen- und Caviazucht
http://www.entente-ee.com

Zum Weiterlesen/Bildnachweis

Bücher

Alice Stern: Geflügel. Natürlich und artgerecht halten: Hühner, Enten, Gänse, Puten, Kosmos 2001.

Michael Grashorn, Regina Kuhn und Fridhelm Volk: Geflügel: Das Fotobuch für die Praxis, Ulmer 2006.

Bildnachweis

Die Farbfotos wurden von Chris und Mike Ashton aufgenommen.

Seite 4–5 © Ardea.com; 21 © Ardea.com; 23 © Alamy; 24–25 © NHPA photos; 26–27 © NHPA photos; 31 © Ardea.com; 33 © Ardea.com; 34–35 © Corbis. Alle Rechte vorbehalten; 41 © Alamy; 45tl © NHPA photos; 50 © Ardea.com; 72 © Alamy; 90–91 © Marie O'Hara; 96 © NHPA photos; 103 © Ardea.com; 122 © Alamy; 123 © Alamy; 124 © iStockphoto.com; 125 © Corbis. Alle Rechte vorbehalten.

Besonderer Dank gilt den Wassergeflügelfreunden, die uns mit folgenden Fotos unterstützt haben:

59 Graue Gänse – Graham Barnard
63 American Buff, 65 West of England, 71 Aylesbury, 76 Cayuga, 87 Silberne Zwerg-Appleyard Ente – Simon James
74 Pekingente – Bart Poulmans
78 Rouen Clair-Ente – Mike Sumner
98 Brinsea Produkte
93 angepasst von Proctor N S & Lynch, P.J. 1983

Impressum

Aus dem Englischen übersetzt von Dr. Wolfgang Hensel
Titel der Originalausgabe:
Keeping Ducks & Geese:
erschienen bei David & Charles,
Brunel House, Newton Abbot, Devon, TQ12 4PU
ISBN 978-0-7153-3157-6

Umschlaggestaltung von eStudio Calamar unter Verwendung von zwei Farbfotos von Chris & Mike Ashton (Umschlagvorderseite und die Ente auf der Umschlagrückseite) und zwei Farbfotos von Reinhard-Tierfoto (Gänse auf der Umschlagrückseite).

Mit 131 Farbfotos und 5 Zeichnungen.

Unser gesamtes lieferbares Programm und viele weitere Informationen zu unseren Büchern, Spielen, Experimentierkästen, DVDs, Autoren und Aktivitäten finden Sie unter **www.kosmos.de**

Gedruckt auf chlorfrei gebleichtem Papier

ISBN 978-3-440-11634-0
Redaktion: Alice Rieger
Produktion: Eva Schmidt
Printed in China / Imprimé en China

Kurzporträts

Die folgenden Forscher und Fachleute werden im Text erwähnt. Die Literaturliste ist für Hobbyzüchter gedacht, die etwas tiefer in die Materie eindringen möchten.

William Ellis 18. Jh., Farmer aus Herefordshire, der über das Landleben seiner Zeit geschrieben hat. *The Country Housewife's Family Companion* bietet verblüffende Einsichten in Lebensmittel und das Essen, das eine bescheidene englische Bauernfamilie gekocht hat. http://www.historicfood.com/Wiggs%20recipe.htm

Konrad Lorenz (1903–89) Österreichischer Zoologe und Verhaltensforscher, Ornithologe und Nobelpreisträger; ein Mitbegründer der modernen Verhaltensforschung, der über das Verhalten von Tieren, insbesondere von Graugänsen, geschrieben hat.

Gervase Markham Produktiver Autor des 17. Jhs., der über das Landleben schrieb.

Harrison Weir (1824–1906) Illustrator, Zeichner und Autor mit dem Schwerpunkt Geflügel und Wassergeflügel.

Francis Willughby (1635–72) Englischer Ornithologe, der in Cambridge bei dem Naturforscher John Ray studiert hat. Ray hat 1676 Willughbys Ornithologia libri tres veröffentlicht, die zwei Jahre später auch in Englisch erschien.

Lewis Wright Victorianischer Autor, der über Geflügel und Wassergeflügel schrieb.

Glossar

Armschwingen Der innere Teil des Flügels, der von den Unterarmknochen gestützt wird. Der Spiegel der Enten wird von den Armschwingen gebildet.

Art Natürlich entstandene, kleinste Verwandtschaftseinheit. Männchen und Weibchen einer Art sind miteinander fruchtbar.

Auto-Sexen Männchen und Weibchen können durch Augenschein durch eine geschlechtsspezifische Gefiederfärbung unterschieden werden.

Daunen Kleine, weiche Federn unter den Konturfedern, die den Vogel warm halten; ihnen fehlen die Hakenstrahlen.

Handschwingen Der äußere Teil des Flügels, der von den Handknochen gestützt wird.

Kehlwamme Lockere Hautfalte, die am Hals, unter dem Unterschnabel ansetzt.

Kiel Lange, hängende Hautfalte und Gewebe über dem Brustbein, die sich bis unter den Körper zieht.

Kloake Der After der Vögel, in den auch Harnleiter und Legedarm münden.

Legedarm Bezeichnung für das weibliche Geschlechtsorgan, in dem das Ei heranreift und mit einer Schale umgeben wird.

Leichte Rasse In diesem Buch nach der britischen Klassifikation alle Enten unter 3,2 kg (Ente) und 3,4 kg (Erpel); stets schwerer als Zwergformen.

Markknochen Die langen, hohlen, mit Mark gefüllten Knochen des Körpers. Sie dienen als Kalziumreservoir, aus denen die weiblichen Tiere Kalzium für die Eierschalen mobilisieren.

Mauser Der Austausch der alten Federn gegen neue; einmal jährlich bei den Gänsen, zweimal jährlich bei den Enten.

Muskelmagen Typische Bildung von Enten und Gänsen; hier wird das Futter zwischen aufgenommenen Steinchen (Grit) zerrieben.

Nestflüchter Vögel, die in gut entwickeltem Zustand aus dem Ei schlüpfen und sofort laufen und/oder schwimmen können.

Nesthocker werden dagegen sehr hilflos und fast immer nackt geboren; sie bleiben im Nest und werden von den Eltern versorgt.

Rasse Genetisch stabile Form (gleicher Phänotyp), die durch Zucht aus Arten oder Rassen hervorging.

Schwere Rasse In diesem Buch nach der britischen Klassifikation alle Enten über 3,2 kg (Ente) und 3,6 kg (Erpel).

Stutzen Die Handschwingen eines Vogels werden einseitig etwa in der Mitte abgeschnitten. Damit verliert der Vogel sein Gleichgewicht und kann nicht mehr fliegen.

Wildfarbe Die Gefiederfarbe der wilden Art – Stockente, Graugans, Schwanengans – ohne Mutationen der Farben.

Zuchtlinie, Linie Eine konsequent von einem Züchter über mehrere Generationen fortgeführte Züchtung innerhalb einer Rasse.

Zwergformen der anerkannten großen Rassen zeigen dieselben Merkmale, sind aber kleiner und leichter; nicht zu verwechseln mit den Zwergenten, die eine eigene Rasse darstellen.

Register

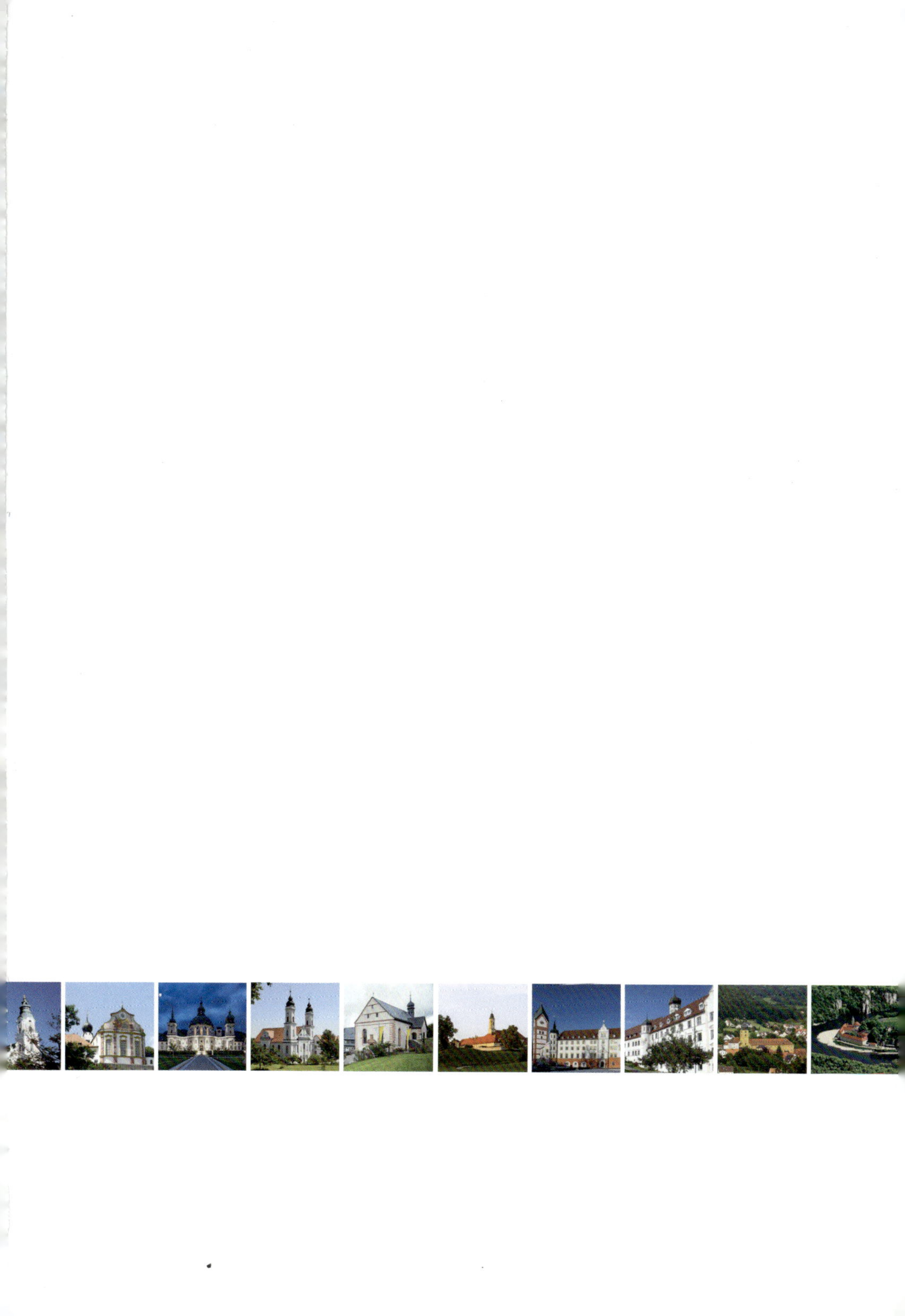

Herausgeber: Verband der Privaten Brauereien e.V.
Verlag: Fachverlag Hans Carl GmbH
Andernacher Str. 33a, 90411 Nürnberg
www.hanscarl.com
Autor: André Liebe; Monika Uhl, so-eine-marke.de
Gestaltung: Alexander Schmid, elch-design.de
Printed in Germany · 1. Auflage 2016
ISBN 978-3-418-00133-3

Private Brauereien
Bayern